严寒条件下
重力坝稳定性研究

Research on Stability of
Gravity Dam Under Severe Cold Conditions

周永红　方卫华　靳向波　原建强◎著

河海大学出版社
HOHAI UNIVERSITY PRESS
·南京·

图书在版编目(CIP)数据

严寒条件下重力坝稳定性研究 / 周永红等著. — 南京：河海大学出版社,2022.9
ISBN 978-7-5630-7619-2

Ⅰ. ①严…　Ⅱ. ①周…　Ⅲ. ①寒冷地区—重力坝—稳定性—研究　Ⅳ. ①TV649

中国版本图书馆 CIP 数据核字(2022)第 138219 号

书　　名/严寒条件下重力坝稳定性研究
书　　号/ISBN 978-7-5630-7619-2
责任编辑/卢蓓蓓
责任校对/张心怡
封面设计/徐娟娟
出版发行/河海大学出版社
地　　址/南京市西康路 1 号(邮编:210098)
电　　话/(025)83737852(行政部)　(025)83722833(营销部)
经　　销/江苏省新华发行集团有限公司
排　　版/南京月叶图文制作有限公司
印　　刷/广东虎彩云印刷有限公司
开　　本/718 毫米×1000 毫米　1/16
印　　张/12
字　　数/215 千字
版　　次/2022 年 9 月第 1 版
印　　次/2022 年 9 月第 1 次印刷
定　　价/68.00 元

前　言

随着全球变暖,极端气候不断涌现。去年秋季汾河流域的秋汛告诉我们,新条件下要以新的观点审视大坝安全。严寒条件下水库大坝的安全问题一般只考虑冻害对坝体结构和材料的影响,很少考虑冰压力以及冰压力和高水位不利组合的影响。本书以山西某寒冷地区水库高碾压混凝土重力坝为研究对象,综合应用极值统计、Copula 函数、有限元分析和规范分析等方法,以底线思维的方式全面研究极端寒冷诱导的不利条件下重力坝的抗滑稳定性问题,对寒冷地区水库大坝安全管理,特别是预警指标的拟定具有十分重要的意义。尽管本书研究的是极端情况,但本书的研究对冰厚估计、环境承载力和抗滑稳定等相关研究具有一定的参考意义。

本书得到山西省水利科学技术研究与推广项目(项目编号:2021L5025)的支持,在此致谢!

由于严寒条件下影响大坝抗滑稳定的安全因素错综复杂,相关工作难度较大,也是新的尝试,加上作者水平有限,缺点甚至错误在所难免,恳请读者批评指正。

作者

2022 年 3 月

目　录

1 研究背景

　　某寒冷地区水库是汾河上游干流上一座大(二)型水利枢纽工程,坝址下游距离太原市区 30 km①,水库总库容 1.33×10^9 m³。某寒冷地区水库枢纽工程由碾压混凝土重力坝的挡水坝段与溢流坝段、底孔、供水发电隧洞和水电站所组成。拦河大坝为碾压混凝土重力坝,坝顶全长 227.7 m,最大坝高 88 m,中部为 48 m 长的溢流坝段,设 3 孔 12 m×6.5 m 溢流表孔,最大泄量为 1 578 m³/s。溢流坝段两侧各布置两孔 5.8～6.0 m 的冲砂底孔,最大泄量为 3 590 m³/s,底孔两侧为左、右岸挡水坝段。供水发电隧洞全长 445.3 m,其中洞身段 399.5 m,进口闸室段 17.8 m,出口闸室段 28 m。水电站为坝后式,装有 3×3 200 kW 立式水轮发电机组。坝基两岸为奥陶系下统白云岩(含泥质白云岩)。坝基河床基岩面地层为奥陶系下统冶里组底部,寒武系上统凤山组上部地层。坝址处于悬泉寺倾伏背斜的南端,背斜长不足千米,轴向 NE3°,倾角 3°～4°。背斜东翼地层产状 SE25°～40°,倾角<3°～8°,西翼地层产状 SE290°～320°,倾角<3°～5°。

　　由于历史原因,某寒冷地区水库大坝施工结束后大坝坝肩固结和帷幕灌浆未完成,从而导致后期运行过程中廊道内漏水严重,严重影响坝体安全。为此 2014 年开始进行以坝肩帷幕灌浆、坝基固结灌浆和坝后连续墙等施工为主的应急除险加固,经数值模拟研究和实测资料分析,除险加固达到了一定效果,正常工况下安全系数已经达到要求。近期的大坝安全评价数值计算对大坝稳定安全系数存在一定的不同意见,且前期研究均未考虑冰压力荷载及其不利荷载组合的作用,为准确了解大坝抗滑稳定安全实际情况,特别是极端情况下大坝稳定安全情况,为大坝安全运行提供参考,有必要研究冬季严寒条件下,特别是高水位冰推联合作用条件下大坝抗滑稳定安全状况,这也是目前安全鉴定和前期研究中并未涉及的问题。

---

　　①　全书因四舍五入,数据存在一定偏差。

在重力坝抗滑稳定安全计算方面,常规的基于规范的材料力学方法近似太多,距离真实情况差距比较远。目前常规数值计算方法都是考虑典型工况下的水压作用,对于比同等厚(深)度水压力大得多的冰推力的数值模拟研究几乎一片空白。

某寒冷地区水库碾压混凝土坝坝高在同类坝型中居前列,由于极端气候的日益频发,大坝运行过程中可能遭受特殊荷载,如高水位厚冰层等各种不利因素影响,由于设计及前期研究未考虑这些极端不利工况,因此大坝安全面临更高的风险。由于某寒冷地区水库位于太原市上游,一旦失事将会造成国民经济和人民生命财产的巨大损失。对某寒冷地区水库碾压混凝土坝进行严寒极端条件下(即低温高水位组合)的大坝抗滑稳定安全计算,不仅在工程学科上具有明显的意义,在多学科交叉和工程力学方面也具有一定的创新性。

2 研究内容与技术路线

  本书具体研究内容为：①分析和提取某寒冷地区水库坝址区气象、水温和水位统计特征；②建立水面结冰的数值模拟和冰推力的精准计算方法；③提出水压-冰推组合条件下高碾压混凝土坝的抗滑稳定安全系数的获取方法。

  技术路线：采用文献查阅、现场调研、监测数据分析和数值模拟相结合方式开展研究。①极值统计。采用极值统计或调查分析等方法获得某寒冷地区水库大坝相关水温、气温和冰厚等关键参数。②数值模拟。采用材料力学法、规范法和有限单元法，全面考虑水压力和冰推力对大坝稳定安全系数的影响。③综合比较分析。将经验公式、理论推导和数值模拟相结合，从理论的先进性和逻辑的严密性上确保获取大坝抗滑稳定结果的正确性。应用数学期望、方差和变异系数对坝址区气温、水位、水温数据进行特征分析；应用耿贝尔法对坝址区温度进行极值估计；采取皮尔逊-Ⅲ法对坝址区水位进行极值估计；基于 Copula 方法，应用 Gumbel-Copula 函数进行坝址区温度和水位的联合分布估计。计算冰厚度，从而确定冰推力，并在此基础上通过多种计算分析方法计算严寒条件下重力坝的抗滑稳定安全性，全书技术路线图如图2-1所示。

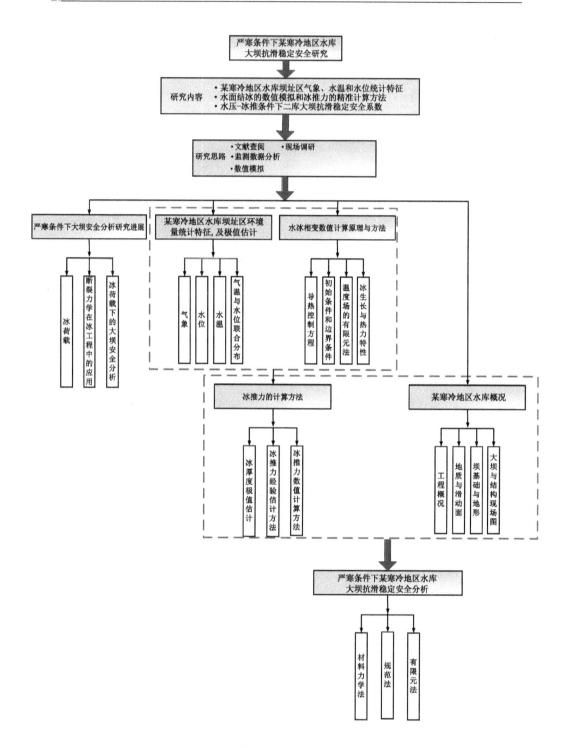

图 2-1 技术路线图

3 严寒条件下大坝安全分析研究进展

由于海拔或纬度较高,一年中在一定时间内气温较低,使得我国北方地区的江河、湖泊、水库和引水渠道,在冬季水面结冰,形成厚度不等的冰盖。冰体内的水分子结冰后体积膨胀,受水平方向挤压或推力产生水平位移,当受到外界的阻碍时就形成了冰推力,冰推力对外界物体的破坏作用就是我们所说的冰推作用。冰推越大,破坏力也就越大,冰推作用就表现得越明显。在封冻和流冰期间,冰会使水工建筑物受到不同程度的破坏,影响到建筑物的安全和正常运行及工程效益的发挥。

3.1 冰荷载研究现状

3.1.1 冰厚研究现状

人们对冰的研究已经发展为跨多个学科领域的综合学科,其研究范围从分子尺度到冰块本身成分和结构的中尺度,或者是耦合冰内的元素和微观生物有机体的多学科交叉,直到卫星遥感监测海冰的超大尺度。目前,冰的研究主要体现在和人们日常生活联系较为密切的方面,例如高纬度地区冬季水库、河道、供水管道的冰害研究。对这些方面的研究主要是通过实测资料建立或修正模型,用模型预测冰的生消,提前采取措施,以避免或消除冰害。上述研究多以冰的热力学为基础,而冰热力学尚不完善,实际应用中仍有一些参数需要调整,以使热力模型能够顺利应用于不同尺度的全球循环模式,其中冰厚是一个较难确定的参数,因此对冰厚的研究具有重要的实际意义。

从国内外热力学调查的结果来看,冰的厚度变化机理及定量研究是冰热力学突破的"瓶颈"。国内外学者在冰厚测量和计算方面进行了大量研究工作,冰厚精确测量是检验冰厚计算精度的前提,因为冰厚的计算需要由高精度的测量结果进行验证。

1）冰厚测量方法主要有下面几种[1]：

（1）钻孔测量

最早的冰厚测量采用的是钻孔测量的方法，这种方法的准确度高，是最可靠的测量手段，至今仍然被广泛采用，但这种方法很难实现定点实时观测，并且因为劳动强度大、工作效率低，只能用作关键点的测量，在结冰期和融冰期，出于安全考虑而难以实施。

（2）雷达测量

雷达测量冰厚是指通过垂直向下发射电磁波，由电磁波将空气、水、冰三个界面分开，通过对电磁回波的分析和计算得出冰上下表面间的距离。雷达测量多用于车载测量或船载测量，目前也有拖曳式雷达冰厚仪和无人机雷达冰厚仪。这种测量方法的优点是在运动过程中直接测量，能在短时间内获取大量数据并且不破坏冰层，因此减少冬季安装设备对冰层融化速率的影响，缺点是将冰层表面起伏均归结到底面形态上，同时设备成本比较高，电磁干扰和功耗大，测值直观性差。

（3）声纳测量

声纳测量冰厚是指采用一个高频换能器分时发射不同形式的声波信号来分别测量冰气界面和冰水界面反射信号的时间延迟。利用两个界面回波信号的时间差和测区的冰中声速，计算冰的厚度。其优点是冰下分辨最好，可以回避冰性质的影响，缺点是给出的只是冰层水线以下的厚度，且仪器安装、使用、维护不便。

（4）电导测量

电导测量冰厚是指利用空气、冰、水三者的电导率不同的特性进行冰厚测量，通过对竖直放置在空气、冰和水中测杆上的各点位置进行电导测量，得到空气和冰、冰和水的分界面，从而得到冰厚。这种方法的优点是空气和冰界面分辨率高，但测量精度有待提高。

（5）遥感测量

遥感测量冰厚是以卫星为平台，携带测量设备对大范围冰进行测量的方法。卫星遥感的应用为冰的大范围观测提供了巨大的帮助，也得到了很广泛的应用，但由于卫星高度原因，照片的分辨率较低，只能获取大尺度范围的冰特征信息，获取中小尺度的冰参数相对困难，而且遥感受天气影响较大。

（6）自动测量

冰厚度自动测量是在总结国内各种观测技术基础上，由武汉大学根据极地现场条件开发的。需要用到极地冰下超声测距仪，它由冰上和冰下两部分组成，冰上部分如图 3-1 所示，冰下部分由超声测量探头和超声校核探头组成，如图 3-2 所示。超声波测冰厚方法为超声测量冰界面与超声传感器之间的距离，它利用已知超声波在水中的传播速度和超声发射后遇到冰面再返回到传感器接收器的时间，计算出传感器同冰面之间的距离。因此超声测距仪测得的只是冰底面。现场每记录一次超声探头到冰底面的距离，结合初始冰厚度，即可得到冰层的生长过程。该设备能够测量从超声探头到冰底面 150 cm 的距离，设计精度 1 mm，数据分辨率 0.01 mm。利用该设备，王川[2] 利用 2008 年 12 月 19 日至 2009 年 4 月 8 日在黑龙江省红旗泡水库的现场实测资料剖析冰生长不同阶段冰温沿冰厚的垂直变化以及冰生长率的大小，建立了气温与冰温变化的数值关系式，分析了持续气温变化对冰层厚度的影响，建立了冰厚度数据与冰生长过程简单数学模型。

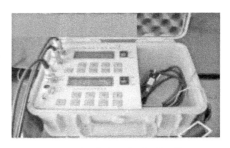

图 3-1　极地冰下超声测距仪

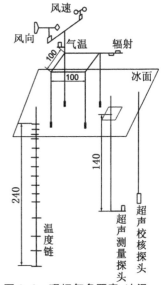

图 3-2　现场气象要素、冰温、
水温测量仪器布置图
（尺寸单位：cm）

利用极地冰下超声测距仪可以实现定点冰厚的实时观测，但是并不能得到冰表面的变化，为了掌握冰厚度在水库空间上的变化，王川采用电阻丝冰厚度测量杆测量冰的厚度。电阻丝通过接触冰层底面来测量冰厚，它的工作原理是电阻丝在通电状态下发热将电阻丝周围的冰融化，在冰内形成一条任由电阻丝自由移动的通道。电阻丝下部有一个带有重锤的挡板，当挡板被电阻丝向上拉动到达冰层底部时被冰底面卡住，电阻丝就不再移动，通过计算电阻丝在两次不同测试中表现出的位移差来确定冰层的厚度增量。电阻丝的工作原理见图 3-3。该方法具有测值直观的优势，缺点是过程繁琐、耗时耗力，针对上述问题，方卫华提出了多种冰厚监测方法，获得了多项发明专利。

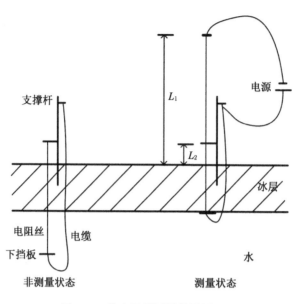

图 3-3　热电阻丝测量装置原理图

冰盖层的生长过程也就是冰层厚度的变化过程,气温和冰温的变化与冰厚密切相关。冰层温度是冰的基本状态变量,冰温在冰层内部的变化直接影响到冰层膨胀力的大小。冰的快速生长期,这一期间内气温较低,没有大幅升温天气,使得冰层上下温度变化比较一致,波动也较小,冰温沿冰厚基本呈线性分布,由冰温线的准线性梯度变化可知,冰内温度在逐步升高,同时冰厚也在逐渐增加。冰的稳定生长期,这一期间气温变化比较频繁,并且升温趋势明显,造成每天冰层表面的气温波动频繁。冰的消融期,这一期间气温回升很快,冰温曲线呈现出与快速生长期和稳定生长期截然不同的形状,表层冰温仍然出现很大波动,而下层温度分布则逐渐表现出一致性,冰温线向 0℃ 靠拢,这可能与进入消融期以后,冰晶体结构发生较大改变有关,由于气温和冰温的迅速升高,冰盖层上部已经开始融化,冰晶体变得十分松散,并且冰层中水分很多。

由于高、低气温的持续时间对冰温和冰生消的影响程度大于气温瞬时波动幅度所产生的影响,因此相对低气温和相对高气温的持续时间对冰温和冰厚的影响也是需要考虑的一个方面。

2）冰厚数值计算

冰是大气和水相互作用的结果,是在一定的水域中,内能和热能转化达到临界状态温度低于水的冰点的产物,其生长、发展和消融是一个十分复杂的物理-力学过程。20 世纪 70 年代以来,数值计算方法成为重要的冰情预报方法。利用冰生长、消融的物理过程建立动力和力学模式,用于确定冰厚计算公式、进行短期冰情数值预报、年度数值冰情预报等方面均取得较大的进展[1]。

冰的生长与热传导有关,在冰的热力学中,温度的传导由温度梯度 $\nabla \theta$ 控制。

$$\bar{j}_q = -\bar{\lambda} \, \nabla \theta \tag{3-1}$$

式中:λ 是冰的导热系数;θ 为温度;$\bar{j}_q$ 为热流密度。

冰在 dV 体积内热能的改变量 $\partial Q / \partial t$ 可由下式表示

$$\operatorname{div}\bar{j}_q \mathrm{d}V = -\frac{\partial Q}{\partial t} = -C\,\frac{\partial \theta}{\partial t} = -L\rho\,\mathrm{d}V\,\frac{\partial \theta}{\partial t} \tag{3-2}$$

式中,C 为系统的热容量,它等于冰密度 ρ、体积 V、潜热 L 的乘积。

因此,热传导方程可改写为

$$\frac{\partial \theta}{\partial t} = \frac{\bar{\lambda}}{L\rho} \, \nabla^2 T \tag{3-3}$$

对于一维问题可化为

$$\frac{\partial \theta}{\partial t} = \frac{\bar{\lambda}}{L\rho} \, \frac{\partial^2 \theta}{\partial h^2} \tag{3-4}$$

式中,h 为冰厚度。

对于单层平整冰的厚度,德国的斯蒂芬(Stefan)于 1890 年提出了一个经典的近似假设,他假定冰的表面温度与大气温度相等,并通过此假设建立了冰厚计算公式。斯蒂芬条件的简图如图 3-4 所示。

仅考虑冰层下界面热量平衡,其数学描述为

$$\begin{cases} \lambda\,\dfrac{\mathrm{d}\theta}{\mathrm{d}h}\mathrm{d}t = L\rho\,\mathrm{d}h \\ 0 < h(t) < h \\ h(0) = 0 \end{cases} \tag{3-5}$$

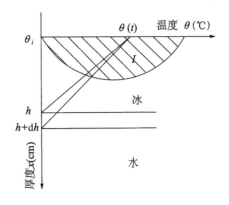

图 3-4 斯蒂芬条件简图

利用冰体内瞬时温度线性分布假定及潜热 L、密度 ρ 和导热系数 λ 均为常数的假定,得到近似解为

$$h = \sqrt{\frac{2\lambda}{L\rho} \int_0^t [\theta_i - \theta_a(t)] \mathrm{d}t} \qquad (3\text{-}6)$$

式中:h 为结冰厚度;$\theta_a(t)$ 为气温;θ_i 为结冰温度;λ 为导热系数;L 为冰的潜热;ρ 为冰的密度。

$\int_0^t [\theta_i - \theta_a(t)] \mathrm{d}t$ 为冬季低于 θ_i 的冰面温度的总合,称为冻结指数,在冰学科中称为冻冰度日,并用 I 表示,即图 3-4 中 $\theta\text{-}t$ 坐标所示阴影面积。$\alpha = \sqrt{\dfrac{2\lambda}{L\rho}}$ 为冰系统特征参数。这样上式简化为

$$h = \alpha\sqrt{I} \qquad (3\text{-}7)$$

式(3-7)就是目前通常用于冰厚度计算的冻冰度日法公式。它由两组因子组成,即冻冰度日 I 和冰系统特征参数 α。

取 $\lambda = 2.2\,\mathrm{m/(W \cdot K)}$,$L = 1\,401\,\mathrm{J/g}$,$\rho = 0.916\,7 \times 10^3\,\mathrm{kg/m^3}$,可得到理想条件下的冻冰度日法公式,即

$$h = 1.720\,5\sqrt{I} \qquad (3\text{-}8)$$

从冰生长的三个时期来看,当冰温呈逐渐升高的趋势时,冰温升高促使冰层膨胀产生静冰压力,而在具体的每一天气温变化周期中又有升温阶段和降温阶段,白天冰层升温必然要膨胀产生静冰压力,晚上随着温度降低一部分静冰压力消失,静冰压力在逐渐积累。

冰生长的简单热力学模式有两种。

第一种是 Stefan 模型,1993 年 Lepparanta 对 Stefan 问题进行论证,证实通过简化的冻冰度日模型可以对冰生长做出准确的预测。国内学者广泛使用这一模型进行冰生消问题的研究。该模式假设冰内热传导只沿冰垂直方向发生并且冰内温度呈线性分布,则 $\mathrm{d}H/\mathrm{d}t$ 可表示为

$$\frac{\mathrm{d}H}{\mathrm{d}t} = -\frac{\lambda_i}{H\rho_i L}(T_0 - T_f) \qquad (3\text{-}9)$$

式中:ρ 是冰密度;L 是相变潜热;λ_i 是冰热传导系数;T_0 是表面冰温;T_f 是底面温度。在 Stefan 问题中,假设冰面温度等于气温。将式中的 T_0 用气温 T_a 代

替,并进行时间积分,积分上限为 t_e(d),得到

$$H^2 = \frac{2\lambda_i}{\rho_i L}\int_0^{te}(T_f - T_a)\mathrm{d}t = \frac{2\lambda_i}{\rho_i L}I \qquad (3\text{-}10)$$

式(3-10)即为式(3-6)或式(3-7)。取时间步长为 1 d,则为冬季的负积温,冻冰度日 I 很容易由标准的气象观测数据计算出。

第二种模式是朱波夫模型,它考虑表面冰温 T_0 和气温 T_a 的差异,于是引入用来表示冰面和空气之间热交换的物理参数 —— 热交换系数 K_a。若 T_0 低于结冰点温度,则简化的热通量平衡方程为

$$K_a(T_a - T_0) = \frac{\lambda_i}{H}(T_0 - T_f) \qquad (3\text{-}11)$$

由此可得冰的生长速率

$$\frac{\mathrm{d}H}{\mathrm{d}t} = -\frac{\lambda_i K_a}{(\lambda_i + K_a H)\rho_i L}(T_a - T_f) \qquad (3\text{-}11)$$

两边积分得

$$H^2 + \frac{2\lambda_i H}{K_a} = \frac{2\lambda_i}{\rho_i L}I \qquad (3\text{-}12)$$

式中,增加了热交换系数 K_a。K_a 随当地环境条件变化,对于某一地点,它可根据冰厚和气温时间序列数据拟合得到,并具有合理的精度。

王川利用实测数据,分析了该两种模型的有效性,得到了两种模型结果趋于一致的结论。由于冰系统特征参数在许多条件下并不是常数,它是一个与温度有关的变量 $a(T)$,王川将理想条件下的冻冰度日方法公式修正为

$$H = \alpha(T)\sqrt{I} \qquad (3\text{-}13)$$

3.1.2 冰荷载研究现状

水结冰后对水工建筑物产生的附加作用力主要有以下几种:(1)静冰压力。静冰压力是指静止状态下的冰作用在建筑物上的力。冰层温度升高时体积膨胀,受到岸边或建筑物的约束而产生力,冰对建筑物的推力称为静冰压力,它对建筑物破坏作用大。(2)动冰压力。在开河期,河道、湖泊、水库中漂浮的冰层或冰块在风和水流作用下对建筑物产生的撞击力,称为动冰压力。动冰压力对建筑物破

坏作用大。(3)冰层的升降对建筑物产生的作用力。它是当冰层与建筑物冻结在一起,冰层下水位升高或下降时,冰盖对建筑物产生的铅直向上的上拔力。可对土坝的护坡造成破坏。(4)堆冰压力。在开河期,上游流凌冰在风力或重力作用下,松散的碎冰块堆积在建筑物前形成的堆积冰压力,破坏作用不大。

目前,对于静冰荷载的研究主要分为五个方向,一是理论分析方法,通过理论公式,计算分析出静冰压力值;二是数值分析方法,通过有限元计算软件,例如ANSYS、ABAQUS 等,采用有限元模型进行分析;三是模型试验,通过建立实体模型,模拟相应的作用条件,对冰荷载作用情况进行模拟;四是现场监测,其中较为先进的是利用传感器,直接测量静冰压力;五是统计分析,通过对已经收集到的数据进行统计分析,得到静冰压力[3-5]。

温度是影响冰压力作用的主要因素,气温日变幅越大,冰体内水分子体积变化幅度越大,导致冰体体积变化也越大,冰推力作用表现得就越明显。风向也是影响冰推作用的主要因素之一,冰体在风的作用下对顺风向的建筑物、坝坡及护岸工程的破坏性要远远大于其他方向的。在无风的状态下,冰体对其周边的作用基本是均衡的。冰体厚度越大,温度变化时其产生的冰推力越大,冰推力作用就越明显,反之则相反。

冰压力通常可由原位观测、物理模拟、不同形式冰层破坏的极限荷载计算、冰层应力-应变本构模型估算等方式获取。国外早在 20 世纪初就开始着手对静冰压力值进行研究,相继得出了很多计算方法,认为压力值的大小取决于冰层状态、长度、厚度和周边的约束条件。加拿大一般对刚性水工建筑物所采用的静冰压力值为 149~223 kN/m[6,7]。20 世纪上半叶,在北半球高纬寒冷地区的加拿大、挪威、瑞典和美国 4 个国家,选取 17 个具有代表性的工程进行实测,其静冰压力值为 150~750 kN/m[8-10]。苏联的国家建设委员会在 1986 年颁布了《波浪、冰凌和船舶对水工建筑物的载荷与作用》,其中,对含盐度小于千分之二的冰盖,受到温度变化影响产生的静冰压力作用于水工建筑物上的线载荷给出了估算公式[11]。该规范中所给出的一系列公式考虑的因素是较为全面的。但是它的局限性一方面在于其所针对的研究对象全是苏联地区的冰盖,对于我国北方地区各参数及公式是否适用还有待考证。另一方面由于它是一个半经验公式,所以计算结果的准确性还需要与工程现场实测数据核对评估。加拿大在静冰压力方面的研究成果也十分显著。Carter 等[10]以加拿大 St. Maurice 河流上四座水库为主要观测对象,对其静冰压力进行长期研究,且提出了简便估算方法。他们的研究表明:冰膨胀力的影响因素有水位变化、大气温度变化、冰下水流及冰上气流的拖拽作用；冰盖在静冰压力的作用下，在距离水工建筑物垂直表面 20 m 的范围内会有一系列互为平行的裂纹出现。这些裂纹几乎以相同的间距排列着，经过不断的胀裂最终断裂成众多大块浮冰。这种方法在在实际工程中的方便性是很明显的，它合理地将冰盖内部热力场问题分析转换为经典冰力学的特征长度问题分析[13,14]，这是对复杂问题的一种简化。但是，它同样存在着前面所提到的苏联经验公式所存在的问题。

我国对于静冰压力的研究起步较晚，目前在研究方法上主要有经验公式法、物理模型试验研究、冰层破坏的静力学分析、数学物理模型分析等一系列方法[15]。所谓的经验公式法，主要是通过现场的静冰压力实测数据采集，经过数据分析，结合冰的某些特性，通过数学统计方法，提出经验公式。物理模拟试验研究指的是在一定的理论指导下，降低成本再现工程的自然状况，模拟工况发生、发展过程，或辅助于理论模型的验证。冰层破坏的静力学分析则是根据冰层材料、力学性质，对冰层与水工建筑物间的不同作用形式（如挤压、弯曲、剪切、屈曲等）及后果进行受力分析，计算冰层破坏时建筑物承受的最大荷载。数学物理模型分析是运用相应的物理、数学手段，从理论上探寻确定静冰荷载的方法，其主要思路是通过水文、气象资料推求冰层温度场，再采用不同的冰本构模型计算冰层热应力。有学者将冰层看作简单的热弹性材料，以薄冰板理论为基础，提出考虑水位变化和热膨胀的静冰压力的估算方法；有学者将有限元引入不同型式结构物的温度场和热应力的估算。除冰层的边界条件和作用形式外，因环境条件变化（如冰温、应变速率等）而引起的冰层自身热学、力学性质的变化（如强度变化、蠕变行为）也是影响静冰力大小的关键因素。近年来，将冰层看作黏弹性材料，冰边界假定为固定约束，采用不同的本构模型，发展了多种冰层温度应力计算模型。然而，对冰温度应力问题的研究，仍然存在几个问题：第一，数据积累有限且分散，现场观测技术条件和操作准则参差不齐；第二，对冰层边界约束认识不足，冰层与堤坝之间的冻结，既非简支，也非固支，而应介于两者之间；第三，对冰层自身复杂的力学行为和冰体变形仍处于摸索阶段。

在冰压力计算经验公式法研究方面，徐伯孟[15]、谢永刚[16]、张丹[17]等学者相继在 20 世纪 90 年代前后做出了显著成绩。徐伯孟等[15]对东北几个水库的冰层进行了系统的现场观测，积累了有关冰温、冰压力和冰层活动的资料，并通过综合分析，找出了气温与冰温，冰温与冰压力之间的关系，提出了静冰压力的计算方法。虽然他们选择的实测对象各有不同,但是对于静冰压力产生的规律结论是一致的。他们均认为静冰压力受气温、冰温、温升率、升温持续时间、冰厚、日照和雪覆盖、冰层约束条件以及水库规模等参数影响。正是静冰压力变化受如此之多的条件影响,所以各位学者总结出的经验公式略有不同。但是他们最后都用自己的经验公式算出了静冰压力,然后与各自在实测中采集的静冰压力作比较,最终理论计算数值与实测数值相当一致。徐伯孟的计算值与实测值相关系数为0.96[15],张丹计算公式的计算值均方差为0.251 7[17]。由此可见,经过我国众多学者的辛勤研究,经验公式法可以为工程设计、施工、运行等工作提供较为准确的静冰压力值。

刘晓洲等[18]、李峰和岳前进[19]、邢怀念等[20]将断裂力学理论运用到冰层静冰压力的静力学分析方面,他们均认为冰层形成过程中产生空穴、气泡、裂缝等初始缺陷,因此利用断裂力学理论与方法,构建挤压断裂模型,静冰压力产生过程的积累能量率和断裂能量率平衡时,静冰压力达到极限值,以此为确定的静冰压力。

在数学方法当中,史庆增等[21]用层合板理论,将冰层分为若干层,层间相互黏结,有着共同的边界。对每一层进行有限元分析,然后将每层的计算结果叠加起来,组成一个整体冰层的温度场和应力场。同时利用物理模拟试验方法与试验结果进行比较,说明了这一方法结果的合理性。这种方法的优点是对每一层冰的应力分别进行计算,是符合实际情况的一种算法,但在计算中采用的特性参数取的是常量[22, 23]。黄焱等[24]将有限元软件 ANSYS 引入到冰层温度膨胀力的研究计算当中。首先分析了冰层在升温天气条件下温度变化的情况,利用瞬态热分析计算了冰层的温度场分布,然后将温度场在温升后和温升前的温度差作为荷载加载到模型当中,从而实现了静冰压力的计算。考虑蠕变现象对冰行为的影响,吕和祥和马莉颖[25]对瞬态温度场作用下冰荷载计算进行了研究,研究中将冰看作是黏弹性材料进行处理。这种方法是将冰的静冰压力与冰的应变率关系相结合。这些是国内使用数学方法研究静冰压力的典范。王川[2]建立了静冰压力与室内冰单轴压缩强度的关系,用冰内部温度剖面和冰表面热力变形来计算用不同分层的静冰压力值。剖析现行计算静冰压力的常用公式,并利用实测数据将室内试验结果与常用的静冰压力计算公式结果进行对比讨论,为解决工程中的实际问题提供了理论基础。Azarnejad 和 Hrudey[26]提出了一个预测温度随时间的变化而引起的冰盖三维应力场的数值模型,该模型依赖于两个独立的计算机程序来解决热力和机械方面的问题。热力程序采用有限差分法计算了各种气象输入条件下冰盖厚度的温度分布,而机械部分采用有限元法进行分析,采用退化壳单元模拟冰盖的弯曲和薄膜行为。Stander[27]研究了冬季用水水位变化引起的水库周边结构物上的冰作用力情况。

在传感器直接测量静冰压力方面,周洋等[28]研究了适合测量静冰压力的光纤光栅传感器的工作原理和结构设计,提出了静冰压力在线检测系统的设计方法。潘桃桃[29]综合应用光电检测的相关技术,设计、研制了一种基于反射式光强调制型光纤压力传感器的静冰压力自动检测系统,该系统可用于河冰冰盖层生消过程中静冰压力值的连续检测。叶秋红[30]设计了光纤布拉格光栅传感系统,对实验室条件下的静冰压力进行了检测试验研究。通过对光纤布拉格光栅中心波长的解调,获得被测静冰压力的理论值。试验中通过温度补偿,剔除了温度变化对静冰压力检测精度的影响。杨义[31]基于FLRD原理,结合光纤微弯传感器,设计了一种用于静冰压力测量的光纤传感器。利用此系统结合高低温交变湿热试验箱测量了$-10℃\sim6℃$条件下冰的形成和融化过程中静冰压力随着温度变化的曲线,测得最大冰压力为(552 ± 4)kPa。实验证明,此传感系统可以对冰形成和融化过程的静冰压力变化进行实时和连续监测。

汪震宇[32]进行了斜坡结构冰载荷的有限元分析和试验研究,他利用有限元软件ANSYS建立斜坡与冰相互作用的数学计算模型,对作用在斜坡结构上的水平冰力进行研究。李锋和马红艳[33]根据冰的热力学性质,建立了低温变化与冰膨胀力之间的数学关系。

3.2　断裂力学在冰工程中的应用研究现状

关于冰荷载及其引起的破坏问题,许多相关研究采用了连续介质力学分析方法,考虑冰盖随冰温变化的变形和应力增长过程。但是这些研究得不到极限状态下的冰压力,主要因为实际的原生冰层内存在大量缺陷,包括各种分布形式的杂质、孔穴、气泡、裂隙及冰晶间的薄弱连接,它们极大地影响冰的材料性质。即使冰体没有明显的裂纹和缺陷,在分析中假设其原始裂纹尺寸等于其冰晶粒尺寸进行断裂分析也是合理的,因为晶界间的薄弱连接是经常存在的。极限状态下冰盖已经发生以断裂为标志的破坏。断裂破坏或者表现为少数宏观裂纹的大范围扩展,或者表现为某些局部区域内分布裂纹的汇集贯通及其密集度的不断提高。而这些现象只有通过断裂力学的概念和方法才能提供合理的解释和定量的分析。

3.2.1　冰工程中的断裂力学问题

在江河湖海各类涉冰工程尤其是极区海洋资源开发中,常利用天然冰盖作为冬季道路、机场跑道和天然人工岛使用。为了安全,需要预测这些冰盖在冰期不同时段对于重力作用的极限承载能力。冰盖的典型破坏过程会随着重力荷载的增加首先从作用点处产生多条径向裂纹,厚冰的这些径向裂纹是部分贯穿的,裂纹群延伸到某一长度时出现一条环绕径向裂纹端点的环向裂纹,最终产生最大破坏荷载,冰盖完全丧失承载力。这是一个冰盖受横向荷载作用的弯曲断裂问题(穿透问题)。类似的,天然冰盖的边缘受到波浪力的影响,会向内部传递动态的弯曲变形,在极限条件下导致冰盖断裂成尺寸较小的浮冰块。这也是弯曲断裂问题[34]。这类问题的研究具有广泛的应用价值,所有冰上活动,包括冰上运输、冰上捕鱼、冰上旅游、冰上运动、采冰作业等都存在安全问题,取决于冰盖的断裂条件。每年冬季都会发生因湖面冰层大面积断裂漂移而导致冰上作业者遇险的事件。

河上的桥墩、海上的灯塔和海洋平台会遭遇大面积漂流冰排的侵袭。抗冰结构的设计和现役结构冰期作业都需要预测相互作用中的极限冰荷载,以确保结构的强度和稳定性。极限冰荷载与极限破坏状态下冰排的断裂形态有关。抗冰结构的迎冰面主要包括直立腿和斜面结构两大类,冰排相应的极限破坏模式分别为局部挤压下的劈裂和弯曲断裂。虽然在薄冰条件下,冰排传给结构的荷载峰值并不大,但也能产生强烈的冰激振动,建立、分析其最大振动位移响应所需的动冰力函数,必须同步确定动冰力峰值及其作用周期,这与冰排破坏的裂纹数量、走向及其传播过程有关[35]。

预测和防范冰凌灾害是重大的问题。封冻的河面在春季存在不同的开河过程,俗称"文开河"和"武开河",在"武开河"的条件下,极易发生冰坝堵塞河道引发洪水灾害。预测开河日期及其开河过程本质上也是一个典型的断裂力学问题。我国的南水北调工程中,人工河渠从低纬度区向高纬度区长距离延伸,冬季冰下输水会面临许多冰工程问题,涵渠冰盖的断裂是其中最基本的问题之一[36]。

由于近年来全球气候变暖,南极与北极频频出现冰架断裂崩塌事件,大面积的冰川流失改变了极区生态环境,青藏高原也面临同样的灾害威胁。人们在担忧全球气候变暖加速对人类环境的紧迫影响的同时,也会对巨大如山的冰体轻易地断裂感到惊奇。高原冰川的断裂、雪崩也是相近的物理现象。这是迄今为止最大尺度(地球物理学尺度)的固体材料断裂力学问题。

船舶破冰航行,船体所受到的阻力与船-冰之间的相对速度相关,这涉及冰盖的高速断裂问题[37]。破冰船强度设计以及冰上航行中的振动分析都会涉及冰排与船体动力相互作用中的断裂问题,飘浮的航标和浮式海上平台也有类似的问题。船体与漂流冰排相互作用力峰值及其频率取决于冰排断裂的模式、冰强度和断裂冰块的尺寸。

处于结冰环境中的建筑物、构筑物的安全也可归结为冰工程问题。结冰容易除冰难,2008年初,一场罕见的冰雪灾害袭击中国南方数省,导致大面积交通中断、电力瘫痪、建筑倒塌。除冰铲雪消耗大量人力物力,在输电线塔上的除冰作业中引发的倒塌事故造成了电力工人殉职,灾难的严重性和抗冰的艰巨复杂性超出所有人的预料,引起了人们的广泛关注。与此相近的还有运载工具尤其是飞机机翼上结冰引发的工程问题。覆冰厚度、冰的冻结强度与界面断裂破坏条件是相关的研究课题[38]。

湖冰工程中的主要研究课题是水库中与固定的冰盖接触的坝体和护坡结构冰荷载。人类修建水利设施的实践已经有上千年,认识到冰的危害并展开系统的科学研究的历史至少可以追溯至100多年前。寒区水库设施受到冰盖冻胀、热胀和气象水文条件影响,在冰力作用下经常遭受破坏,损失惨重。一个重要的工程问题是如果相互作用中护坡结构不被破坏,那么冰盖本身断裂破坏的极限状态下能够传到结构上多大的水平推力,这是极限冰压力预测问题。许多相关研究考虑冰盖随冰温变化的变形和应力增长过程,采用连续体力学分析方法。但是这些研究得不到极限状态下的冰压力,因为极限状态下冰盖已经发生以断裂为标志的破坏[39]。只有断裂力学的概念和方法才能提供合理的解释和定量的分析。

李锋和马红艳[33]引入断裂力学方法模拟了冰力学特性。实际上原生冰层内存在大量缺陷,包括各种分布形式的杂质、孔穴、气泡、裂隙及冰晶间的薄弱连接。这些缺陷的尺寸至少是细观的、肉眼可见的,也可能是宏观的,十分显著的,它们极大地影响冰的材料性质。特别值得注意的是在整个冰期经常出现的宏观裂纹或裂缝,它们由热胀压应力或冷缩拉应力产生,既是早期冰破坏的结果,又成为后期冰破坏的原因和条件。在冰层的边界上或某些内部区域会经历断裂和重新冻结的多次反复过程,形成重叠、堆积冰或带有薄弱界面的冰层破碎带。所有这些作为相当普遍的现象已经严重破坏了冰盖的整体连续性,许多现场观测都描述了这些裂缝和缺陷的形态和规律[40]。无论是作为荷载因素的冰体还是作为承载结构的冰体,冰工程问题的研究重点之一是进行冰的极限破坏分析。断裂力学的一个基本观点是受力结构中的初始缺陷是导致结构脆性破坏的主要原因。冰的拉伸、弯曲、剪切和挤压等多种破坏都会导致断裂发生,尽管呈现的断裂形态各自不同,但这些破坏都可看作是原有的微裂纹等缺陷临界扩展的结果,冰盖的极限破坏荷载正是在这种裂纹扩展过程中达到的。对于蠕变、屈曲等低速率下的大变形破坏,虽然破坏不是脆性的,如果考虑初始缺陷与损伤对冰材料等效模量与冰结构刚度的影响,以及大变形下普遍存在的冰晶界间的微裂纹萌生,那么,极限冰力分析从概念上或分析模式上也可以归结为断裂力学或损伤力学。冰材料在断裂力学中的重要地位可以联系到以下几方面:①跨尺度因素。冰盖是地球上除岩石圈外最大的固体,其长度可达数十千米,厚度从几十厘米到几十米,晶粒尺寸范围大(厘米至米级)。在试验室内,小尺寸冰试件破坏由材料强度控制,而大尺寸冰试件的实际结构破坏则由材料的断裂行为控制,在中尺度下的破坏性质处于两者间的过渡区,确定极限破坏力时仅仅按照强度理论的外推是不正确的。②材料特征。冰属于高度脆性材料,其强度指标高度离散且缺乏明确的定义,许多情况下断裂韧性是比强度更合适的材料性能指标。③破坏形态。自然形态的冰破坏明显地呈现各种形式的(脆性或延性)断裂,冰的蠕变行为并不是破坏,因为其应力仅仅与变形速率相关,而不存在极限值。对于常见的结构尺度而言,断裂准则往往是比强度准则更合理的冰材料破坏准则。

3.2.2　断裂力学在冰工程中的应用

在冰与工程结构的相互作用分析中,冰往往是主要的研究对象,因为冰是易变形和低强度材料,经常控制着破坏的极限条件。从断裂力学发展的角度看,天然冰体分布广、尺寸大、晶粒大、有一定透明度因而便于观察,天然的冰裂缝到处存在,是断裂力学理想的观察研究对象。冰的刚度较小,易于加载变形,因而可进行现场原型冰足尺寸试验。自然冰体尺寸从毫米量级延续到数千千米,是进行跨尺度问题研究观察的理想对象。在冰工程中,同认为强度主导一切的观点一样,认为断裂力学主导一切的观点也是错误的。强度理论和断裂力学理论都具有各自主导的研究领域。从尺寸的角度看,小比尺模型试验涉及的冰破坏准则往往可以归结为材料强度理论,原型结构的现场观察遇到的超大尺寸冰盖破坏问题更多地由线弹性断裂力学主导。而大多数实际工程问题介于上述两者之间的过渡区,属于中尺度问题。冰的过渡区破坏是冰工程理论研究和数值模拟所面临的难题。

从冰破坏形态的角度来看,如果在冰体初始断裂的瞬间即出现最大破坏荷载,可以合理地采用强度理论分析极限冰荷载。反之,如果冰破坏过程中的最大荷载出现在长裂纹的充分扩展之后,或者是出现在大量分布微裂纹的密度达到充分饱和的程度之后,那么更合理的方法是采用断裂力学理论进行分析和计算。以断裂扩展为主导破坏模式的观点,可以对建立在强度准则基础上的预测方法高估冰压力的倾向给出一个合理的解释:由于冰层内普遍存在原始缺陷,其实际上的极限破坏荷载相对于完好的冰结构来说总是偏小的。

1963 年,Gold[41]用热冲击法在冰板上形成裂纹,其成果被认为是对冰断裂力学的最早研究。早期研究集中在了解冰的力学性质和力学行为,在 20 世纪 80 年代经过了一轮快速发展,Geoge[42]和 Sanderson 等[43]分别在他们出版的专著中作了全面的总结综述。断裂力学方法诞生后在岩石和混凝土研究中迅速得到推广应用,然而在冰工程中却长期进展缓慢。其原因是早期试验认定冰断裂试样缺乏缺口敏感性,这一现象迷惑了研究者很多年,直到 20 世纪 90 年代开始的现场试验揭示出:之所以出现这一现象仅仅是因为冰样尺寸不够大,因而不能正确地反映其多晶行为。冰的准脆性性质和以压缩断裂为主的许多冰工程问题对断裂力学应用提出了新的挑战。从 20 世纪 90 年代开始,许多研究者将断裂力学方法用于冰力学问题,这些研究主要针对冰排的弯曲破坏产生的裂纹进行扩展。近些年来不少学者已经认识到冰内部微裂纹的演变规律是导致冰的复杂宏观表象从韧性破坏到脆性破坏过渡的重要因素,因此,对与裂纹演化息息相关的位错、滑移等影响裂纹演化的诸多因素:加载速率、位移限制条件、温度、晶粒尺寸等都进行了大量的实验,仔细的研究。冰的特殊行为也吸引了一些材料学科和固体力学研究者的兴趣,他们与冰力学研究者合作提出了各种假设与理论模型来描述冰微裂纹开裂与扩展的机理[44-46],并且对韧脆转变也进行了各方面的研究。

冰的延性连续变形与断裂行为是完全不同的材料行为,必须在研究中加以区别,并分别采用不同性质的方法,这是冰力学研究的一个基本观点。作为冰连续变形和断裂行为之间的界线,韧脆转变行为是冰材料固有的一个最突出的特点。韧脆转变首先表现在材料行为的时间相关性。由于冰的滑移系很不完整,无论是受拉伸还是压缩,即使是在很低的速率下冰在发生充分大的变形之后都会有微裂纹产生。在高速率的脆性条件下,微裂纹一旦形成立即扩展,解理机制占居主导。在低速率的韧性条件下,位错滑移占主导地位,但在大变形条件下冰内的应力集中不能完全通过滑移释放,剩余的部分需要通过新裂纹的形成或已有裂纹的稳态扩展来释放。而在韧脆过渡区,两种现象同时存在,表现在宏观上有较大的塑性变形或发生局部劈裂破坏。此时如考虑蠕变效应,荷载响应所表现的脆性会随着加载率的减小而增加,其原因是蠕变导致的应力松弛使得扩展区变短。Weber 等[47-48]、Rist 等[49]利用 Sunder 等[50-51]建立的本构理论对淡水冰拉伸断裂时的蠕变进行了分析。Mulmule 等[52]利用黏弹性摩擦裂纹模型对海冰的蠕变也进行了研究,蠕变柔量通过荷载和裂纹张开处的位移关系来计算。Goodman[53]对河冰和海冰的蠕变断裂和表面应变进行了测量。韧脆转变也与材料性质的尺寸表现出相关性。这可以引用 Bažant 的尺度效应理论来解释。材料破坏的强度是与尺寸无关的,而线弹性断裂力学是尺寸相关的,在结构尺寸与破坏时的名义强度的双对数坐标下前者为零斜率的水平线,代表零脆性;后者为负斜率(-0.5)的斜直线,代表完全脆性。在两条渐近线之间遵循某一过渡曲线,结构尺寸越大,在过渡曲线上的点越向右移动,代表脆性增大的趋势。考虑疲劳对断裂的尺度率影响会显示出:对于具有相似裂纹的相似结构,当相对扩展速率相同时,大尺寸的结构对应更大的相对应力强度因子,意味着更易产生脆性断裂。

线弹性断裂力学是断裂力学领域内发展最早、最成熟的模式。Ayoub 等[54]对浮冰与结构碰撞时的冰力进行了断裂分析,他们将单位应力施加于减速运动的冰块上,冰块中的应力用有限元法求解,采用线弹性断裂力学和叠加法计算裂纹尖端应力强度因子,利用临界裂纹处冰的断裂韧度和应力强度因子的关系确定临界裂纹扩展所需的应力。最终破坏是由分布的裂纹相互衔接形成贯通的长裂纹导致冰块劈裂。分析的结果与 Timco[55]实验结果相符。尽管有人已将线弹性断裂力学应用于冰与结构的相互作用分析中,但在许多工程问题中它并不都是适当的。线弹性断裂力学主要适用于疲劳变脆的金属结构,其裂纹特征是失稳扩展失效,仅造成可忽略应力重分布的一小块断裂扩展区,变形能在裂纹扩展中迅速地消散。但是冰不属于这种情况,冰是典型的准脆性材料。受压缩时其裂纹特征是在达到极限荷载之前,一条长裂纹或者一个具有分布微裂纹的大的断裂扩展区发生稳定的增长,应力的重分布和大的裂纹扩展区的存在引起冰层内的应变能逐渐的释放。在冰荷载分析中一个重要而又困难的问题是需要根据冰层的缺陷类型和受力特征,判断其实际的脆性程度,然后选用相应的分析方法,国内学者的研究主要关注某些工程问题的断裂分析,如李春花[56]研究了在潮汐和海浪作用下海冰的断裂。

大多数工程材料的名义强度随着试件尺寸的增加而降低,即存在尺寸效应。

在工程冰结构分析中研究对象的尺寸可能在几个数量级上变动,问题因涉及跨尺度而变得更为复杂。在室内试验的小尺度下,常采用不计尺寸的强度失效准则。对于非常大的尺度,材料变为完全脆性,其尺寸效应可由线弹性断裂力学描述。冰属于具有特征长度的准脆性材料,其典型的工程应用恰恰处于上述两个极端情况之间。尺度效应方法是寻求一个渐近的过渡,即把结构破坏的名义强度用脆性的函数形式表达成各种过渡曲线。这种处理既降低了问题求解的难度,又未脱离力学的本质,因而容易被接受。

Bažant 等[57] 提出用于冰的非均匀脆性材料断裂理论。基于长裂纹引起的应力重新分布和能量释放的近似分析,提出了一个尺寸效应法则的简单公式,用来描述在经过大的稳定裂纹扩展后准脆性结构破坏名义强度的尺寸效应。Bažant 等用该公式表述了一个裂纹带的模型,用一个非常简单的方式通过有限元分析来得到这种类型的尺寸效应。Weeks 等[58] 和 Dempsey[59] 研究了尺寸效应对断裂韧度和拉伸强度的影响,Dempsey 等[60] 为了对研究结果加以验证,对全厚度边缘切口的湖冰、河冰与海冰的冰盖进行了试验,长度分别为 $0.34 \sim 28.64$ m 和 $0.5 \sim 80$ m。用 Bažant 尺寸效应模型分析得出的冰韧度与测量值不符,而 Hillerborg 摩擦裂纹模型计算断裂能量级在 20 N/m 左右,也不是每次实验的测量值都相符。这是由于实验过程中裂纹扩展的不稳定性造成的。结构不规则、大晶粒、冰温、晶粒边界表面能都与试样的尺寸有关,由此引发了对多晶和不均匀性的讨论。

Bažant 等[61] 研究发现,受弯曲冰板的径向裂纹的数目依赖于冰块或板的厚度,并且在很大程度上影响着失效的尺度率。Bažant 等[62] 取浮冰块内两条径向裂纹所夹的区域的一半作为研究对象,用数值方法所获得的柔度矩阵来表征它的弹性。给出了裂纹深度分布规律,发现通过含裂纹的径向横截面传递的法向力是相当大的。这些截面起到了类似圆拱的作用,帮助支承垂直方向的载荷。在失效的瞬间,裂纹并没有贯穿,而只是沿板厚垂直扩展。Slepyan[63] 和 Bažant[64] 将断裂力学应用于冰的穿透问题的研究。Bažant 基于线性断裂力学理论分析了海洋中的浮冰块断裂的原因,认为是上下表面温差引起的弯曲断裂,获得冰块破坏对应的临界温度差方程。该方程展示的尺度率适用于任何类型的弯曲失效裂纹,只要这些裂纹是贯穿的、沿冰块或板传播,无论导致裂纹的是何种荷载类型。当裂纹向前扩展时,断裂扩展区保持形状不变且随裂尖一起运动,这样断裂扩展区引起的能量耗散率就是一个常数。

如果极限破坏发生在冰的外部边界上,将形成一类特殊的断裂问题。Wei 等[65]对冰与金属界面断裂的研究表明,其断裂模式是混合型的,而且界面处的夹杂物对断裂能会产生显著的影响,这说明了相应分析的复杂性。对于复杂的问题宜采用综合方法,例如能量方法。Defranco 等[66-67]发现,应变能释放率随裂纹长度增长而增加,到某一值时保持常数基本不变。Hutchinson 等[68]考虑了压应力的影响推导了裂纹尖端应变能释放率公式,发现边缘荷载引起冰表层剥裂,提供了一个混合模式裂纹扩展判据,考虑了应力强度因子、裂纹扩展方向、断裂韧度的影响。

Gold[69]采用淡水冰圆柱试样进行蠕变试验,观察微裂纹的分布规律,发现裂纹的密度随加载应力增加而变化,给出两者间关系的函数表达式。Zaretsky 等[70]利用声波发射监测技术,研究了淡水冰内裂纹的扩展规律。Cole[71]利用单轴压缩实验和切片方法定量地测量了粒状冰的密度与冰晶尺寸的关系,他的工作是冰裂纹观测的一个里程碑,第一次对裂纹进行了量化描述。在微观方面进行观测研究的人很多,也取得了不少成果。Weber 等[72]利用扫描电镜观察了断裂面的复型,发现了滑移、横滑移和疲劳裂纹的证据。Liu 等[73]和 Baker 等[74]进行了多晶冰变形时的 X 光照相技术研究,对多晶冰中晶粒边界的相互作用进行了探讨。现在几种比较新的方法有:利用电学方法观察点缺陷群、利用监视裂纹形成的电发射方法、使用同步加速器放射源直接观察滑移,以及上述方法的组合方法等。尽管有一些试验方法,但是,对裂纹形核及扩展的解释方面却没有什么太大的进展,还是停留在认为裂纹的形核是位错堆积或弹性各向异性的结果这样一个水平上,对其实际变化过程还不明了。

我国的冰力学实验研究最早可以追溯到 20 世纪 50 年代,但是早期的实验通常借用其他材料的力学实验方法,不能反映冰真实行为,故参考价值不大。近些年来,我国在冰力学行为方面进行了较多的实验研究,并取得较大的进展。这些工作包括:在各种加载条件下对冰的强度与变形行为进行了大量的实验研究,不仅直接为工程提供了设计参数,也为冰力学实验方法方面做出了贡献;冰的断裂力学行为研究及冰的流变行为研究,不仅具有明确的工程应用背景,也为了解冰力学行为方面提出了新观点。当前,冰力学行为研究已从单纯的宏观力学性能实验研究发展到细观与微观层次的实验与观察研究,这些工作不仅对认识冰的行为很有必要,还由于冰的特殊行为,如冰的透明性,可以直接观察冰的内部裂纹的开裂与发展、冰的韧脆转变行为等,为研究一般材料的力学行为提供了很好的模型材料与手段。岳前进等[75]利用纯净冰观察冰微裂纹及损伤断裂行为进行了尝试性的工作。国内的学者主要进行了与冰的韧脆转变现象相关的试验研究[76-78],和冰与工程结构相互作用破坏的模拟试验[79,80]。

Liu 等[81]在《淡水冰的断裂韧度》一文中,通过试验研究分析,得出了 K_{IC} 随着试验温度和加载率减小而增大的结论。Cole[82]给出了冰块中裂纹尺寸分布、裂纹密度与冰晶尺寸、应变和荷载关系的函数表达式,与 Hallam 等[83]观察到的结果基本吻合。Kalifa 等[84]分析了静水压力对多晶淡水冰中裂纹成核的影响;Nixon 等[85]通过常应变率压缩试验,得到了裂纹数量与应变的关系式;Yue 等[86]通过淡水冰的压缩试验对冰裂纹进行观察。在应力达到最大值前卸载,沿加载方向将冰块切为两半,测出裂纹的尺寸和数量。指出裂纹密度随加载时间增大,平均裂纹长度与应变在某种程度上呈线性关系,得到初始裂纹形成时的加载率和应力值。Stehn 等[87]通过实验研究了各向异性(裂纹初始方向、扩展方向、试样外形均不同)对淡水冰断裂韧度的影响,考虑到了冰的微观结构和试样的尺寸效应。

肖赟等[88]使用测定岩石力学性质的巴西试验方法测定黄河冰的断裂韧度,通过对有效的载荷-位移破坏过程曲线进行分析,结果表明黄河冰的断裂韧度受应变速率和温度的综合影响:随着应变速率的减小而增大,而随着温度的降低有所减小。李锋等[89]提出了一种测定冰的弹塑性断裂韧性 J 积分的实验方法。分别用光弹法及散斑法测出试件的应力场及位移场,然后通过回路 J 积分得到冰的断裂韧性实测性。通过对淡水冰试件的实测,证明了冰试件弹塑性断裂韧性实验测定的可行性。张立尹[90]利用岩石领域普遍采用的巴西劈裂试验方法来研究冰体力学性质并探究其可靠性,并推广到极地冰区的科学研究当中。试验结果表明:沈阳石佛寺水库冰和南极海冰的抗拉强度和断裂韧度均随着应变速率的增加而减小;加载方向为竖直方向的南极冰与辽河冰的抗拉强度和断裂韧度均高于加载方向为水平方向的南极冰与辽河冰;南极海冰的抗拉强度和断裂韧度随着温度的升高而增强;沈阳石佛寺水库冰的抗拉强度和断裂韧度随着温度的降低而增强;沈阳石佛寺水库冰的抗拉强度和断裂韧度均大于南极海冰。

有限元法是计算机模拟冰断裂最常用的一种方法。Xiao 等[91],Zou 等[92]用有限元模型对冰的剥落过程进行了分析,根据结构接触区附近冰板内裂纹的传播,他们发现荷载作用下裂纹传播导致冰块剥落、冰力降低。在冰板自由面低约束压缩区,裂纹稳态扩展,更容易发生剥落破坏。裂纹可能以拉伸、剪切或混合模式扩展,冰板自由边拉伸区较小,剪应力区较大而且更加可能含有缺陷。高约束压缩区不容易产生裂纹。Evans 等[93]建立了一个边缘加载冰板剥落半定量模型，根据平面张力孔扩展理论和弹性板弯曲理论，指出造成剥落的裂纹扩展所需力很小，但通过试验确定某些参数比较困难。Kendall[94]提出了一个双悬臂梁模型，假设位于中心的裂纹将单梁分成两半，边缘弯矩会使裂纹不断扩展，但这种模型只适用于大裂纹情况。Xiao 等[95]通过损伤分析发现，冰与结构最初弹性接触时，应变能释放率与冰厚关系的分布曲线呈倒抛物线；冰破碎后曲线变成均匀的抛物线形，剥落时曲线分布更为复杂。

韩雷等[96]采用通用结构分析程序 ANSYS 对冰板与锥面结构相互作用中的弯曲破坏全过程进行了数值模拟，其中径向裂纹扩展的非线性行为利用强度破坏准则判断控制裂纹处单元的生死来实现。大连理工大学、合肥工业大学和华南农业大学分别对海冰数值模式、冰盖下输水问题和冰害预测等内容进行了系统的数值研究工作[97]。损伤和断裂的离散元模型是由 Cundall[98]提出的，用于粒子固体的断裂处理，在模型中材料由粒子系统表示，粒子间的连接在达到某一应力时断开。粒子间有代表性的间距，与裂纹带模型类似，起着局域化限制的作用，它控制着断裂扩展单位长度所需的能量耗散。Jirasek 等[99, 100]把非局部有限元损伤模型用于不同速度运动的浮冰和刚性障碍物碰撞后破裂的模拟。Korlie[101]利用粒子力学的原理分析了压力作用下三维冰板裂纹的生成、扩展及断裂。将近似的 6～12 Lennard-Jones 势能用于描述一对冰粒子间的作用，推导了冰粒子的动力方程。该非线性微分方程用于模拟裂纹的扩展和断裂，算例比较了初始缺陷对动力响应的影响同时考虑了屈曲效应。Greenspan[102]用颗粒流模型模拟了矩形二维冰板受压过程，比较了带裂缝和不带裂缝两种计算模型，清晰地描述出裂纹扩展和断裂过程的微观现象。李春花等[103]利用离散元方法模拟了海冰在半圆形防浪堤前的破碎和堆积过程。

3.3　考虑冰荷载的大坝安全分析研究现状

冰冻对水库水工结构的破坏形式根据破坏原因不同，通常可分为冰推破坏、冰拔破坏和动冰冲击破坏三种[104]。冰推破坏是指在水位变化不大的情况下，冰层膨胀产生的静冰压力将土坝的护坡推起造成的破坏。在我国东北、西北较寒冷地区的多数水库，都不同程度地存在这种现象。冰推破坏程度与坡土的冻胀压力大小以及坡土结构有联系。当冰层的冰推力要大于抗冰推强度的时候就会出现破坏现象。当坝坡的抗冰推力大于冰层间的冰推力的时候就会形成冻结面剪开的情况,这样护坡不会受到严重的破坏。冰拔破坏是指当冰层和护坡冻结在一起,库水位上升时,护坡板(块)、齿墙等被拔起旋转或松动;库水位下降时,因冰块与护坡冻结在一起,护坡受到向冰面下降的弯矩,故护坡板翘起,齿墙向库内倾斜。库水位下降愈快,冰拔现象愈严重,特别是当护坡板(块)尺寸很小时,表面粗糙或整体性差的预制板、块石护坡等受冰拔破坏更为严重。动冰冲击破坏主要发生在初春解冻时,库内冻裂成块,在风力与水力作用下向坝坡涌进,大量冰块补推上坝坡甚至超过坝顶,导致坝坡及防浪墙被冲击破坏[105]。

在1986年,苏联国家建设委员会颁布了《波浪、冰凌和船舶对水工建筑物的载荷与作用》,在此规范中,对含盐度小于2‰的整片冰盖,在其温度膨胀时,为作用于结构物上的线荷载 q 的确定提供了估算方法[11]。加拿大在冰温度膨胀力方面的研究也比较突出。加拿大魁北克中部有一条 St. Maurice 河,修建于该河流上的几座水库的库区每年的冰封期长达好几个月,Carter 等[106]长期观测了其中的四座水库库区建筑物上的静冰压力,依据观测的结果提出一种简便的估算静冰压力的方法,认为在冰与结构的接触面上的静冰压力的作用是由以下因素造成的:水位的变化、冰下水流和冰上气流的拖曳作用以及气温的变化。

在国内,理论分析方法方面,2010年,杨存喜在考虑冰冻荷载时对土石坝护坡的稳定进行了验算[107],他将冰压力分为五大类:一是由于冰层受到温度影响而膨胀产生的静冰压力;二是因为水流和风作用在面积较大的冰盖上,从而产生的静冰压力;三是因为冰块整体推移所产生的静冰压力;四是由于水库流冰产生的动冰压力;五是因为水位的变化,冰盖冻结在建筑物上因此所产生竖向作用力,当水位升高,冰盖随之上抬,形成对土石坝护坡的上拔力,当水位降低时,冰盖下降形成对土石坝护坡的下拉力。在考虑冰冻荷载作用时,主要考虑的是静冰压力与冰的下拉力。另外,《水工建筑物荷载设计规范》(DL 5077—1997)给出了冰层升温膨胀时作用于坝面或其他宽长建筑物单位长度上的静冰压力标准值的静冰压力计算方法[108]。

刘荔铭[109]在高寒地区水库静冰压力对混凝土面板堆石坝的变形及损伤研究中,对冰的瞬态温度场及应力场进行了仿真计算,得到了冰盖内部温度场及应力场的一般分布规律,即冰的瞬态温度场和应力场都集中分布在冰盖上部约15 cm的范围内且呈非线性变化,冰盖表面呈现冰温度膨胀力极值。而在不同的约束条件下其应力值不同,四周直立墙约束的情况下,应力值最大约0.37 MPa。然后,通过对面板和止水结构施加冰温度膨胀力极值,对其进行应力应变分析,研究结果表明:面板应变对施加的冰温度膨胀力响应不明显,属毫米级;对面板的应力 X 方向(顺水流方向)呈现最大值,约为 2.73 MPa;对止水结构橡胶盖板的应力最大值约为 15.8 MPa,对橡胶盖板和扁钢压条的应变也有一定的影响,应当引起重视。

高金伟[110]在冬季水库堤坝及护坡防冻灾措施研究中认为,厚重的冰层覆盖在水面上,受到风向和温度的影响,冰体体积和冰胀力不断发生变化,产生的冰推力及冻胀对堤坝及护坡造成不同程度的影响,温度变化、风向、冰体厚度都是影响冰推力的主要因素,气温日夜差变化越大,冰内水分子的体积变化幅度也就越大,以至于冰体体积变化也就越大,从而在日夜温差变化较大时,在冰推力和冻胀的作用下,会使得冰体向堤坝方向进行平移,部分冰体就会顺着护坡爬上堤坝,在堤坝上形成高高的冰坝,冰体与堤坝的撞击会对坝基及护坡产生很大的破坏力。冰体在风向的作用下对顺风向的堤坝及护坡产生的坡坏性是最严重的,而冰体对其他方向的堤坝及护坡影响则较小。而冰体厚度越大,温差变化越大时冰体产生的冰推力和冻胀也就越大,冰推力和冻胀的作用就更加明显,反之则情况相反。堤坝上的护坡受到破坏的主要原因有两个:坝面冻胀破坏和冰推力破坏。研究中分析了大庆市东城水库冬季堤坝及护坡产生冻灾的情况,提出在冬季冰推力及冻胀的作用下水库堤坝及护坡的防止冻害措施,提出了一种机械破冰方法,对水库冬季如何进行堤坝冻胀防护保护及护坡的安全提出了建议。

马苏里等[111]在研究冰推力作用对泥河水库工程的影响时,分析了在冬季冻胀及冰压力作用下,水库建筑物工程破坏成因及防止冻害措施。研究认为温度是影响冰压力作用的主要因素,气温日夜差越大,冰体内水分子体积变化幅度越大,导致冰体体积变化也越大,冰推力作用表现就越明显。风向也是影响冰推作用的主要因素之一,冰体在风的作用下对顺风向的建筑物、坝坡及护岸工程破坏性要远远大于其他方向的。在无风的状态下,冰体对其周边的作用基本是均衡的。另外,冰体厚度越大,温度变化时其产生的冰推力越大,冰推力作用就越明显,反之则相反。张小鹏等[112]对冰与混凝土坝坡间的冻结强度进行了模拟试验研究,研究中根据实际水库观测到的冰盖与护坡的冻结情况,在实验室内进行模拟水库冰盖与护坡局部断面的冻结试验,采用冰与混凝土板间的冻结,进行一次冻结、多次冻结、冰晶冻结、雪冰冻结等模式,分析出冰压力与冻结力的关系;在不同温度下测得各种冻结情况中的冻结强度,给出冻结强度随着温度变化的规律和数值。其结果为寒区平原水库坝坡抵抗冰推力破坏提供了设计参数。何强等[113]进行了当静冰压力很大时坝体土工膜防渗结构的稳定分析研究,研究认为寒冷地区坝体土工膜防渗结构的稳定分析必须考虑冰推力,并通过分析,得出了当冰推力很大时的抗滑稳定安全系数的表达式。同时研究认为,在考虑冰推力作用时,传统方法只是考虑防渗结构与土工膜之间的摩擦力方向是向上的情况,并没有考虑防渗结构与土工膜之间的摩擦力还存在向下的可能性,而此种情况,是冰推破坏最严重的情况,分析计算中应该给予足够的重视。王永平等[114]对冻土地区块石护坡抗冰推稳定性进行研究,分析了冻土地区护坡结构物的工作状况和受力特点,并从冻土流变性的角度讨论了块石等非整体性护坡的破坏机理,给出了块石护坡抗冰推稳定性的计算方法,提出了相应的对策。研究认为,受到冰推力的块石护坡在役期间所受的作用力有重力、冰推力、冻土支持力、冻土和护坡结合面的摩阻力,当验算其抗推稳定性时,还应计入冻土和护坡结合面的黏聚力,在计算护坡重力时,应注意以下两点:①块石护坡多采用水泥砂浆作胶结材料,由于砂浆的抗拉强度很小,而砂浆和块材结合面的抗拉强度更低,因此冰层以下护坡的自重不应计入。②护坡受到冰推作用而沿坡面向上运动时,冰层以上护坡往往由于冻胀拱起或稳定性原因无法共同工作,统计资料表明,冰层以上护坡长度宜取其一半作为计算长度。

马贵友等[115]对高寒地区大型液压升降坝设计问题进行了研究,研究认为,在北方采用液压升降坝面临的主要问题是冬季河面结冰产生的推力,如不采取有效措施,冰推力将对面板、支撑结构及底部转动轴产生极大危害。周立军[116]对寒区水库土坝混凝土护坡存在的问题及解决办法进行了研究,以爱国水库土坝护坡工程为对象,提出水库土坝混凝土护坡主要存在的三大问题:①护坡混凝土板块尺寸大小问题即稳定性问题;②现浇斜坡混凝土表面密实度问题即强度问题;③混凝土表面光滑度问题即引滑问题。另外,混凝土板块分布问题以及砂垫层铺设厚度问题都是值得关注的。研究根据寒区水库的特点,通过对已护工程的实地考察对比,对土坝混凝土护坡存在的问题进行了综合分析、论证,提出了针对性的解决办法。石凤君等[117]对严寒地区水位变化区域护坡维修技术进行了研究,认为坝坡破坏最严重的部位多发生在水位变化区,土石坝迎水坡处于水位变化区,由于冰推力、冻胀作用,冰层融化时风浪形成动冰撞击等因素,造成了上游护坡局部或大面积破坏。经大量的现场试验,提出了适合北方地区土坝水位变化区的六种复合型护坡结构。覃桃慈[118]研究了水库结冰对混凝土面板堆石坝影响,利用接触单元模拟冰层与面板的接触情况,选择了同时使用冰层位移与静冰荷载来分别计算混凝土面板堆石坝面板的应力。另外对不同冰厚、不同结冰位置对于混凝土面板堆石坝的影响进行了敏感性分析,通过整理和分析不同情况下面板的最大主应力以及面板与冰层的接触状态,得出了相应的规律。结果显示,面板最大主应力均随着冰层厚度和冰层位移的增大而增大;水位越低,影响越大。研究中提出的以冰层位移计算面板最大主应力的方法具有一定的可操作性,最终计算结果表明水库结冰对面板影响不大,与观测资料吻合。

参考文献

［1］王昕.不同种类冰的厚度计算原理和修正[D].大连:大连理工大学,2007.

［2］王川.红旗泡水库冰层变形观测及静冰压力计算[D].大连:大连理工大学,2010.

［3］傅世平.混凝土面板堆石坝监测资料分析与安全评价[D].杭州:浙江大学,2007.

［4］徐伯孟.水库冰层的膨胀压力及其计算[J].水利水电技术,1985(11):18-23.

［5］周洋,秦建敏,李冠阳,等.基于光纤光栅测量静冰压力的应用研究[J].数学的实践与认识,2014,44(10):156-162.

［6］KIM H S, LEE C J, CHOI K S, et al. Study on icebreaking performance of the Korea icebreaker ARAON in the arctic sea[J]. International Journal of Naval Architecture and Ocean Engineering, 2011, 3(3):208-215.

［7］夏运强,陈兆林.圆筒形水工建筑物波浪荷载的试验研究[J].海洋工程,2002,20(3):81-86.

［8］KONG W L, CAMPBELL T I. Thermal pressure due to an ice cap in an elevated water tank[J]. Canadian Journal of Civil Engineering, 2011,14(4):519-526.

［9］BROWN T G. Analysis of ice event loads derived from structural response[J]. Cold Regions Science & Technology, 2007, 47(3):224-232.

［10］CARTER D, SODHI D, STANDER E, et al. Ice Thrust in Reservoirs[J]. Journal of Cold Regions Engineering, 1998, 12(4):169-183.

［11］潘少华.波浪、冰凌和船舶对水工建筑物的荷载与作用[M].北京:海洋出版社,1986.

［12］NAZARI M, WEBB J P. A structured grid finite element method using computed basis functions[J]. IEEE Transactions on Antennas & Propagation, 2017, 65(3): 1215-1223.

［13］LI H, HAO Z Y, ZHENG X, et al. LES-FEM coupled analysis and experimental research on aerodynamic noise of the vehicle intake system[J]. Applied Acoustics, 2017, 116:107-116.

［14］黄文峰,李志军,贾青,等.水库冰表层形变的现场观测与分析[J].水利学报,2016,47(12):1585-1592.

［15］徐伯孟.水库冰层的膨胀压力及其计算[J].水利水电技术,1985(11):18-23.

［16］谢永刚.黑龙江省胜利水库冰盖生消规律[J].冰川冻土,1992,14(2):168-173.

［17］张丹.水库静冰压力的计算[J].冰川冻土,1987(S1):89-97.

［18］刘晓洲,檀永刚,李洪升,等.水库护坡静冰压力及断裂韧度测试研究[J].工程力学,2013,30(5):112-117+124.

［19］李锋,岳前进.冰在斜面结构上的纵横弯曲破坏分析[J].水利学报,2000,31(9):44-47.

［20］邢怀念,刘增利,李洪升.基于断裂力学的水库冰板挤压破坏冰压力计算方法[J].水利水电科技进展,2013,33(3):10-13.

［21］史庆增,宋安,薛波.半圆形构件冰力和冰温度膨胀力的试验研究[J].中国港湾建设,2002(3):7-13.

［22］HVIDBERG C S. Steady-state thermomechanical modelling of ice flow near the centre of large ice sheets with the finite-element technique[J]. Annals of Glaciology, 1996, 23:116-123.

［23］ORJUBIN G, RICHALOT E, PICON O, et al. Chaoticity of a reverberation chamber assessed from the analysis of modal distributions obtained by FEM[J]. IEEE Transactions on Electromagnetic Compatibility, 2007, 49(4):762-771.

［24］黄焱,史庆增,宋安.冰温度膨胀力的有限元分析[J].水利学报,2005,36(3):314-320.

［25］吕和祥,马莉颖.瞬态温度场作用下冰载荷计算[J].应用力学学报,1996(1):101-106.

［26］AZARNEJAD A, HRUDEY T M. A numerical study of thermal ice loads on structures[J]. Canadian Journal of Civil Engineering, 2011, 25(3):557-568.

［27］STANDER E. Ice stresses in reservoirs:effect of water level fluctuations[J]. Journal of Cold Regions Engineering, 2006, 20 (2):52-67.

［28］周洋,秦建敏,李冠阳,等.基于光纤光栅测量静冰压力的应用研究[J].数学的实践与认识,2014,44(10):156-162.

［29］潘桃桃.基于反射式光强调制型光纤压力传感器(RIM-FOPS)的静冰压力检测系统的设计与应用[D].太原:太原理工大学,2015.

［30］叶秋红.基于光纤光栅传成技术的静冰压力传感系统设计与实验[D].太原:太原理工大学,2016.

［31］杨义.基于光纤环衰荡实现静冰压力测量[D].太原:太原理工大学,2017.

［32］汪震宇.斜坡结构冰载荷的有限元分析和试验研究[D].天津:天津大学,2006.

［33］李锋,马红艳.断裂力学在冰工程中的应用[J].冰川冻土,2010,32(1):139-150.

［34］王永学,李广伟,李春花,等.波浪作用下海冰断裂的试验研究[J].自然科学进展:国家重

点实验室通讯,2000,10(6):549-553.

[35] 李锋,于晓,胡玉镜,等.冰排在锥面上的断裂长度[J].海洋工程,2002,20(4):63-67.

[36] 岳前进.我国冰工程问题研究现状与展望[J].冰川冻土,1995,17(S1):15-19.

[37] 霍夫曼·D,钱文豪.船舶在冰区航行的阻力和推进性能[J].船舶,1990(6):31-34.

[38] WEI Y, ADAMSON R M, DEMPSEY J P. Fracture energy of ice/metal interfaces[J]. Adhesives Engineering, 1993,1999:126-135.

[39] 李洪升,曹富新,杨春秋.平原水库静冰压力推坡计算[J].力学与实践,1991(4):29-32.

[40] 苏绍民,丁代膺.平原水库冰温和冰压力测量[J].内蒙古水利,2002,2:84-86.

[41] GOLD L W. Formation of Cracks in ice plates by thermal shock[J]. Nature, 1961, 192(4798):130-131.

[42] GEOGE D A. River and lake ice engineering, Water Resources Publications [M]. Chelseas: Book Craflers Inc., 1986:166-174.

[43] SANDERSON, JO T. Ice mechanics: risks to offshore structures[M]. London: BP Petroleum Development Ltd., 1988.

[44] SCHULSON E M. The brittle compressive fracture on ice[J]. Acta Metallurgica et Materialia, 1990, 38(10):1963-1976.

[45] SCHULSON E M, BUCK S E. The ductile-to-brittle and ductile failure envelopes of orthotropic ice under biaxial compression[J]. Acta Metal Mater, 1995, 43(10): 3661 -3665.

[46] FORST H J. Mechanisms of crack nucleation in ice[J]. Engineering Fracture Mechanics, 2001, 68(17-18):1823-1837.

[47] WEBER L J, NIXON W A. Fracture toughness of freshwater ice—Part I: experimental technique and results & Part II: analysis and micrography[J]. Journal of Offshore Mechanics and Arctic Engineering, 1996, 118(2):135-140, 141-147.

[48] WEBER L J, NIXON W A. Fatigue of freshwater ice[J]. Cold Regions Science and Technology, 1997, 26(2):153-164.

[49] RIST M A, SAMMONDS P R, MURRELL S A F, et al. Experimental and theoretical fracture mechanics applied to Antarctic ice fracture and surface crevassing[J].Journal of Geophysical Research, 1999, 104:2973-2987.

[50] SUNDER S S, WU M S. A differential flow model for polycrystalline ice[J]. Cold Regions Science and Technology, 1989,16(1):45-62.

[51] SUNDER S S, WU M S. A multi axial differential model of flow in orthotropic polycrystalline ice[J].Cold Regions Science and Technology, 1989, 16:223-235.

[52] MULMULE S V, DEMPSEY J P. A viscoelastic fictitious crack model for the fracture of

sea ice[J].Mechanics of Time-Dependent Materials，1998，1(4)：331-356.

[53] GOODMAN D J. Creep and fracture of ice and face strain measurements on glaciers and sea ice[D].Cambridge：University of Cambridge，1977.

[54] AYOUB A S，BROWN T G. Fracture analysis of ice forces [J]. Cold Regions Engineering，1991，5(4)：158-173.

[55] TIMCO G W. The influence of flaws in reducing loads in ice structure interaction events [R]. National Research Council of Canada，1988.

[56] 李春花.海冰在潮汐和波浪作用下的断裂机理研究[D].大连：大连理工大学,2000.

[57] BAŽANT Z P，KIM J. Fracture theory for nonhomogeneous brittle materials with application to ice[C]// New York：Engineering in the Arctic Off shore，1985：917-930.

[58] WEEKS W F，ASSUR A. Fracture of lake and sea ice[J].Cold Regions Reasearch and Engineering Laboratory Reasearch Report，1969：269.

[59] DEMPSEY J P. Scale effects on the fracture of ice[M]//ARSENAULT R J，GOLE D，GROSS T，et al. The Johannes Weertman Symposium. The Minerals，Metals and Materials Society，1996：351-361.

[60] DEMPSEY J P，DEFRANCO S J，ADAMSON R M，et al. Scale effects on the in-situ tensile strength and fracture of ice. Part I：Large grained freshwater ice at Spray Lakes Reservoir，Alberta. Part II：First-year sea ice at Resolute N. W. T. [J]. International Journal of Fracture，1999，95(1-4)：325-345；347-366.

[61] BAŽANT Z P，LI Y N. Penetration fracture of sea ice plate[J].International Journal of Solids & Structures，1995，32(3/4)：303-313.

[62] BAŽANT Z P，KIM J J，LI Y N. Part-through bending cracks in sea ice plates ：Mathematical modeling[C]//DEMPSEY J P，RAJAPAKSE Y. Ice Mechanics ASME Summer Meeting.Los Angeles：ASME Sumer Meeting,1995；97-105.

[63] SLEPYAN L I. Modeling of fracture of sheet ice[J].Mechanics of Solids，1990,25(2)：155-161.

[64] BAŽANT Z P，XLANG Y Y. Compression failure of quasibrittle material：nonlocal microplane model[J].Journal of Engineering Mechanics，1992，118(3)：540-556.

[65] WEI Y，ADAMSON R M，DEMPSEY J P. Fracture energy of ice/metal interfaces[J]. Adhesives Engineering，1993,1999：126-135.

[66] DEFRANCO S J，DEMPSEY J P. Crack growth stability in S2 ice[C]// Tenth IAHR Ice Symposium，1990，1：168-181.

[67] DEFRANCO S J，DEMPSEY J P. Preliminary mixed m ode experiments on S2 columnar freshwater ice [C]//9th International Conference on Offshore Mechanics and Arctic

Engineering. Bouston: American Society of Mechanical Engineers, 1990, 4:247-252.

[68] HUTCHINSON J W, SUO Z. Mixed mode cracking in layered materials[J].Advances in Applied Mechanics, 1992, 29:63-191.

[69] GOLD L W. The cracking activity in ice during creep[J].Canadian Journal of Physics, 1960, 38:1137-1148.

[70] ZARETSKY Y K, CHUMICHEV B D, SOLOMATIN V I. Ice behavior under load[J]. Engineering Geology, 1979, 13(1/4):299-309.

[71] COLE D M. Effect of grain size on the internal of polycrystalline ice[R].CRREL Report, 1986: 1-79.

[72] WEBER L J, NIXON W A. Crack opening and propagation in S2 freshwater ice[J]. Arctic/Polar Technology, 1991, 9:245-252.

[73] LIU F P, BAKER I, DUDLEY M. Dislocation-grain boundary interaction in ice under creep conditions[C]//International Association for Hydraulic Research Ice Symposium, 1994, 1:484-494.

[74] BAKER I, LIU F, DUDLEY M, et al. Synchrotron X-ray topographic studies of polycrystalline ice[C]//International Association for Hydraulic Research Ice Symposium, 1994, 1:416-425.

[75] 岳前进,任晓辉,陈巨斌. 海冰韧脆转变实验与机理研究[J].应用基础与工程科学学报, 2005, 13(1):35-42.

[76] 李洪升,岳前进,郑靖明,等. 海冰韧脆转变特性的宏微观分析[J].冰川冻土, 2000, 22(1):48-52.

[77] 李洪升,杜小振. 冰体材料损伤与断裂破坏的本构理论[J].冰川冻土, 2003, 25(S2): 304-307.

[78] 杜小振,毕祥军,岳前进,等. 冰与直立结构快速挤压破坏分析[J].冰川冻土, 2003, 25(S2):308-312.

[79] 史庆增,徐继祖,宋安.海冰作用力的模拟试验[J].海洋工程,1991,9(1):16-22.

[80] 史庆增,宋安.海冰静力作用的特点及几种典型结构的冰力模型试验[J].海洋学报, 1994(6):133-141.

[81] LIU H W, LOOP L W. Fracture toughness of freshwater ice[R].Army Cold Regions Research and Engineering Laboratory. Technical Note. Hanover: 1972.

[82] COLE D M. Observations of pressure effects on the creep of ice single crystals[J].Journal of Glaciology, 1996, 42 (140): 169-175.

[83] HALLAM S D, DUVAL P, ASHBY M F. A study of cracks in polycrystal line ice under uniaxial compression[J].J Physique, 1987, 48(3):303-313.

[84] KALIFA P, DUVAL P, RICHARD M. Crack nucleation in polycrystalline ice under compressive stress state[C]//Proceeding of the 8th International Offshore Mechanics and Arctic Engineering Symposium, 1989, 4:13-21.

[85] NIXON W A, WASIF A. Development of cracks in S2 freshwater ice under const antstrain rate loading[C]//IAHR Ice Symposium, 1992, 1:1167-1175.

[86] YUE Q J, ZHENG R, BI X J, HUANG M H. Observations of ice cracks under compression tests[C]//IAHR96 Proceedings of the 13th International Symposium on Ice, 1996, 3:931-936.

[87] STEHN L M, DEFRANCO S J, DEMPSEY J P. Orientation effects on the fracture of pond (S1) ice[J].Engineering Fracture Mechanics, 1995, 51(3):431-445.

[88] 肖赞,张宝森,邓宇,等.黄河冰断裂韧度的巴西试验研究[J].人民黄河,2017,39(4):43-47.

[89] 李锋,沈梧,孙秀堂,等.冰的弹塑性断裂韧性测定方法的研究[J].冰川冻土,1996(2):178-183.

[90] 张立尹.南极冰与辽河冰巴西圆盘劈裂试验研究[D].大连:大连理工大学,2021.

[91] XIAO J, JORDAAN I. Modeling of fracture and production of discrete ice pieces[R]. Report for Canada Oil and Gas Land Administration (COGLA) by lan Jordaan and Associates Inc., 1991.

[92] ZOU B, XIAO J, JORDAAN I J. Ice fracture and spalling in ice-structure interaction[J]. Cold Regions Science and Technology, 1996, 24(2):213-220.

[93] EVANS A G, PALMER A C, GOODMAN D J, et al. Indentation spalling of edge loaded ice sheets[C]//Hamburg: The 7th International Symposium of the International Association for Hydraulic Research. 1984:113-121.

[94] KENDALL K. Complexities of compression failure[C]//London: Proceedings of the Royal Society A: Mathematical, Physical and Engineering Sciences. 1978, 361(1705):245-263.

[95] XIAO J, JORDAAN I J. Application of damage mechanics to ice failure in compression [J].Cold Regions Science and Technology, 1996, 24(3):305-322.

[96] 韩雷,李锋,岳前进.冰锥相互作用破坏全过程的有限元模拟[J].中国海洋平台,2007,22(2):22-27.

[97] 季顺迎,许宁.寒区近海工程新进展[J].国际学术动态,2008(1):48-49.

[98] CUNDALL P A. A Computer model for simulating progressive, large-scale movements in blocky rock systems[C]//Nancy: Proceedings of Symposium of International Society of Rock Mechanics, 1971.

[99] JIRASEK M, BAŽANT Z P. Macroscopic fracture characteristics of random particle

systems[J].International Journal of Fracture，1995，69(3)：201-228.

[100] JIRASEK M，BAŽANT Z P. Particle model for quasibrittle fracture and application to sea ice[J].Journal of Engineering Mechanics，1995，121(9)：1016-1025.

[101] KORLIE M S. 3D simulation of cracks and fractures in a molecular solid under stress and compression[J]. Computers and Mathematics with Applications，2007，54：638-650.

[102] GREENSPAN D. A molecular mechanics simulation of cracks and fractures in a sheet of ice[J].Computer Methods in Applied Mechanics and Engineering，2000，188(1/3)：83-93.

[103] 李春花,王永学,李志军,等.半圆型防波堤前海冰堆积模拟[J].海洋学报,2006,28(4)：172-177.

[104] LI Y，WANG Z. Study of relationship between strength parameters and ice expansion force of granite under low temperature[J].Chinese Journal of Rock Mechanics & Engineering，2010，29：4113-4118.

[105] 邹丽.冰冻对水工混凝土破坏的原因分析及解决措施[J].科技向导,2014(2)：102-103.

[106] CARTER D，SODHI D，STANDER E，et al. Ice thrustin reservoirs[J].Journal of Cold Regions Engineering. 1998，12(4)：169-183.

[107] 杨存喜.考虑冰冻荷载时对土石坝护坡的稳定验算[J].水利科技与经济,2010,16(8)：884,888.

[108] 梁文浩,宋常春.DL5077—1997《水工建筑物荷载设计规范》内容介绍[J].电力标准化与计量,1998(4)：24-27.

[109] 刘荔铭.高寒地区水库静冰压力对砼面板堆石坝的变形及损伤研究[D].西宁:青海大学,2017.

[110] 高金伟.冬季水库堤坝及护坡防冻灾措施[J].黑龙江水利科技,2013,41(7)：206-207.

[111] 马苏里,张来文,范雨耕.冰推力作用对泥河水库工程的影响[J].黑龙江水利科技,2007,35(2)：111-112.

[112] 张小鹏,李洪升,李光伟.冰与混凝土坝坡间的冻结强度模拟试验[J].大连理工大学学报,1993(4)：385-389.

[113] 何强,魏东,侍克斌,等.当静冰压力很大时坝体土工膜防渗结构的稳定分析[J].小水电,2008(2)：20-21.

[114] 王永平,张举兵,孙江岷.冻土地区块石护坡抗冰推稳定性分析[J].低温建筑技术,1999(3)：43-45.

[115] 马贵友,朱水生,李强.高寒地区大型液压升降坝设计问题探讨[J].人民长江,2016,47(10)：62-64.

[116] 周立军.寒区水库土坝混凝土护坡存在的问题及解决办法[J].黑龙江水利科技,2011

(6):281-282.

[117] 石凤君,张利,周彬,等.严寒地区水位变化区域护坡维修技术研究[J].东北水利水电,
　　　 2009,27(10):42-43,47.

[118] 覃桃慈.水库结冰对混凝土面板堆石坝影响的研究[D].北京:华北电力大学,2017.

4 某寒冷地区水库坝址区气象、水温和水位统计特征及极值估计

4.1 坝址区气象

4.1.1 气象特征分析及极值估计研究现状

大量研究表明,近百年来全球气候变化最突出的特征是气候显著变暖,尤其是近 50 年来,全球增温明显。根据联合国政府间气候变化专门委员会(IPCC)第五次评估报告(AR5)指出,1880—2012 年,全球海陆表面的平均气温呈上升趋势,平均升高 0.85 度,并且冬半年升温比夏半年明显。全球气候变暖的另一个表象是极端气温,包括极低温度的不断出现。在趋势变化和极值变化两个方面都有广大学者从定量角度做过大量的研究。

滕水昌等[1]对甘肃乌鞘岭近 50 年的气候变化特征进行研究,采用小波变换等方法,得出该地区气温呈上升趋势,且未来气温仍将持续升高,极端高温强度逐渐增大,极端低温强度则逐渐减弱的预测。李潇潇等[2]对大连地区 50 年年平均气温和地温的变化特征进行分析,应用线性回归方法推导地温和气温线性关系发现,两者之间具有很好的相关性,年代际平均气温和各层深度地温均以升温为主,且四季平均气温比各层地温的响应更快、更强烈。刘德和等[3]对近 34 年惠安县地面温度的气候变化特征进行分析,采用了气候趋势分析、经验模态分解法以及多元线性回归方法,得到近 34 年来惠安县年平均最高地面温度、年平均最低地面温度与年均地面温度呈显著上升趋势的结论。刘瑞芳等[4]对乌审旗近 51 年的气候变化特征进行分析,采用最小二乘法拟合一元线性回归方程法,分析逐年平均气温、平均最高气温及平均最低气温的变化趋势,得到乌审旗近 51 年平均气温总体呈波动性上升趋势,且年平均气温的变暖,以冬季气温升高为主要原因。赤

曲[5]利用西藏地区主要的 6 个地面观测站近 45 年的气候观测资料进行分析,发现西藏近几年平均地面气温变化主要以增暖为主,增暖趋势基本与全球温度变化同步,而且近 10 年西藏地区地面升温十分明显。封静等[6]对珠三角地区近 40 年的气温变化特征进行分析,利用气候倾向率和三阶多项式曲线拟合的方法,对珠三角的 25 个气象站近 40 年的平均温度和月平均气温观测数据进行倾向、趋势分析,发现珠三角地区气温年际变化的趋势性明显,季节变化表现为夏季和秋季的趋势性变化显著。

气候对自然环境、人类经济活动影响甚大。具有重大经济价值或关系到人民生命安全的大工程,必须能够抵御灾害性天气的袭击,人们可根据工程使用期内气象极值可能出现的保险系数,在设计上加以预防使受损害程度降到最低。

有许多工程的使用年限往往超过气象资料的年限,有人从 30 年的资料中挑选出一个最大(最小)值作为 30 年内的平均极值,而这种方法有多大的误差、是否可行值得探究。黄雪松[7]通过对广西 4 个站点 36 年最大风速、极端最高气温和极端最低气温的耿贝尔分布的拟合和优度检验,以及各极值的抽样误差和耿贝尔分布各估计参数的相关关系的统计,对一定重现期下气象极值的离散特征进行初步分析。研究表明,当资料序列较短时,从中挑选出最大值作为若干年一遇的简单极值推算方法误差较大,但可以通过增长重现期,减少原样本误差的方法,来减小抽样误差,使得极值误差减小。

天气气候的极值或极端气候事件,因其出现机会很少,又无周期或循环性规律可寻,是预报的难点之一。丁裕国等[8]提出一种诊断天气气候时间序列极值特征的新方法:将平稳过程的交叉理论用于天气气候极值分析,在正态假设下,推证出天气气候纪录中极值出现频数、出现时间和等待时间的估计公式。论证了极值出现频数与其频谱结构的对应关系及其相互推算方法。通过实例推算,证明用交叉理论诊断天气气候序列的极值特征量的方法,具有较好的可行性与可靠性,无论是否已知时间序列的时域特征或是其频域特征都可用此方法进行极值特性分析。由于极端天气气候事件预报极其困难而又至关重要,对极值规律的分析必有助于提高其预报水平,这种分析方法对天气气候诊断与预报的应用具有重要价值。

由于大多的天气气候极值(或极端事件)往往出现于非正态时间序列中,仅仅用正态序列的极值诊断公式来估计其特征量,可能产生较大误差。汪方等[9]提出了非正态分布的天气气候序列极值特征诊断方法,推广了非正态假设下的交叉理论,且将其用于极值特征的诊断,并从理论上导出了适用性更广的基于 Gamma

分布和负指数分布的极值特征量诊断公式及其样本估计式。以有关降水要素的时间序列为例,说明了这种方法的可靠性和在天气气候诊断与气候影响研究中的应用前景。

气象要素极值作为气候随机变量在数学意义上是不稳定的,但它们随时间的变化过程在概率上却是稳定的。因此,气象要素极值的分布可以用分布函数去模拟,从而为气象极端事件出现概率提供理论依据和数据参考。林晶等[10]对福建省50年内的极端低温的分布及参数进行估计。分析了福建省极端低温的时空分布规律,并应用耿贝尔分布函数对各站的年极端气温进行了概率计算,计算过程中耿贝尔分布函数分别采用了2种参数估计方法:矩法和耿贝尔法,结合2种表征参数估计优良性的指标,对不同的参数估计方法进行了比较。结果表明:大多数情况下采用矩法时拟合效果较好;在推算不同重现期的年极端最低气温时,用耿贝尔法较好。苏志等[11]研究了广西冬季极端最低气温的概率分布模型选择及其极值。根据广西88个站点1951—2000年的冬季极端气温序列,分别用GumbelⅠ型极值分布、GumbelⅡ型极值分布、GumbelⅢ型极值分布、正态分布和双正态分布函数进行拟合,并按柯尔莫哥洛夫检验和ω检验方法进行拟合优度检验。结果表明,用双正态分布、正态分布和GumbelⅠ型极值分布函数作为广西冬季极端最低气温的分布函数效果较好。本书中,极值统计选取的是实测数据中具有代表性的极值样本。

4.1.2　气象特征分析及极值估计理论基础

气候的年际变化是指气象要素的年、季、月平均值在不同年份之间的变化。而对年代际变化的时间尺度问题,目前还没有较为明确和一致的定义。气候变化与可预报性研究中将气象要素在10年到100年时间尺度的变化列入年代际变化的研究范围中。年代际气候变率的研究一般分为三个部分,即诊断分析、模拟研究和成因分析。其中诊断分析主要依赖于观测资料和气候诊断方法来对气象要素的年代际变率进行分析。模拟阶段主要分为两种,一种是给定外强迫来积分大气模式,另一种是不加强迫来积分耦合气候模式,这样可以研究气候系统自身的变化。成因分析一种认为气候的年代际变率主要是外强迫引起的,另一种是认为年代际变率是气候系统自身振荡引起的。

在进行气候相关分析时,我们通常会用到Morlet小波分析方法,这种分析方法是一种信号时频局部分析的方法,利用时频变化来突出信号在某些方面的变化特征,具有多时频分辨功能。气象要素的变化周期往往较复杂,同一时段中会包含不同时间尺度的周期特征,因此利用小波分析的伸缩和平移等功能对某一气象要素时间序列进行多尺度逐步分析,已成为开展气候诊断比较有效的方法。

用来表示气候特征的参数有均值、方差和变异系数。均值即期望记作 $E(X)$,表示随机事件的平均预期。方差记作 σ^2,表示数据离散程度,数值越小表示数据越集中,数值越大表示数据越离散,对于离散随机变量其公式为

$$\sigma^2 = \frac{\sum_{i=1}^{N} (X_i - \mu)^2}{N-1} \tag{4-1}$$

式中:X_i 为第 i 个样本;μ 为全体样本的算术平均值;N 是样本的总个数。

变异系数记作 CV,是表示多组变量离散程度的一个没有量纲的数,也被称为标准离散率或单位风险,其公式为

$$CV = \frac{\sigma}{\mu} \times 100\% \tag{4-2}$$

气候要素的趋势系数变化一般用一元线性回归方程表示,x_i 为样本量 n 的某一气候变量($i=1,2,\cdots,n$),用 t 表示 x 所对应的时间,建立 x 与 t 的一元线性回归方程 $x = a + bt$,x 表示 x_i 的拟合值,其中 a 是常数,b 是回归系数。b 的符号表示气候变量的趋势倾向。$b > 0$ 表示 x 随时间 t 的增加呈上升趋势,$b < 0$ 表示呈下降趋势,b 的大小表示上升或下降的速率。变量 x_i 与变量 t 的相关系数 r 为趋势系数。对于变化趋势的显著性检验,采用原序列变量 y 与时间 t 之间的相关系数进行检验。气候要素和时间 t 之间并不总是线性变化的,大多数情况是非线性的,可以用 Cubic 函数很好地拟合变量的非线性变化,y 是气候变量,x 表示时间,Cubic 函数的形式为 $y = b_0 + b_1 x + b_2 x^2 + b_3 x^3$,通过实际值用最小二乘法拟合算出 b_0、b_1、b_2、b_3 的值,得到拟合函数,通过 3 次曲线拟合便能反映时间序列的阶段性变化特征。

分析线性趋势时可用公式 $y_i = a + bx_i$ 分析,b 为气候倾向率。小波基函数 dbN 常用来对离散序列进行滤波分析,选择 db5 小波基函数对降水、气温序列进行分解,提取低频分量来表征信号历史趋势,也就是通过连续的近似逐渐滤除信号中的高频信息,减少噪声干扰,得到低频部分来呈现信号的变化。另外,也可以采用 Hurst 创立的基于重标极差(R/S)分析方法基础上的赫斯特指数(H)研究时间序列长程相关性,判读其未来变化趋势。赫斯特指数有 3 种情形:(1)当

$H=0.5$,表明时间序列是随机性的;(2)当 $0.5<H<1$,表明时间序列具有正效应,表示未来的趋势与过去一致,H 愈接近 1,持续性愈强;(3)当 $0\leqslant H<0.5$,表明序列具有负效应,表示未来的趋势与过去相反,H 愈接近 0,反持续性愈强。

对于极值的概率计算常常采用耿贝尔分布函数。耿贝尔分布是一种极值渐近分布的理论模式,用于拟合最小值的分布时,其概率密度函数和分布函数为

$$f(x)=a\,\mathrm{e}^{a(x+u)-ea(x-u)} \tag{4-3}$$

$$F(x)=1-\mathrm{e}^{-ea(x-u)} \tag{4-4}$$

式中:$a>0$ 为尺度参数;u 为分布函数的众数。

只要利用已有的极端最低气温序列 $x_1\leqslant x_2\leqslant\cdots\leqslant x_n$,合理估计出参数 a 和 u 的数值,则 $F(x)$ 被唯一确定。耿贝尔分布有两种常用的参数估计方法:矩法和耿贝尔法。

(1) 矩法

矩法估计在数学计算上最为简单。一阶矩(数学期望)参数 a、u 与矩的关系为

$$E(x)=-\frac{\gamma}{a}-u \tag{4-5}$$

式中,γ 为欧拉常数,约为 0.577 22。

二阶矩(方差)为

$$\sigma^2=\frac{\pi^2}{6a^2} \tag{4-6}$$

由此得到:$a=1.282\,55\sigma$,$u=-E(x)-\dfrac{0.577\,22}{a}$。在实际计算中一般用有限样本容量的均值和标准差作为理论值 $E(x)$ 和 σ 的近似估计。

(2) 耿贝尔法

耿贝尔法是一种直接与经验频率相结合的参数估计方法。假定极端最低气温有序序列 $x_1\leqslant x_2\leqslant\cdots\leqslant x_n$,则

$$y_i=\ln\{-\ln-[1-F^*(x_i)]\}\quad(i=1,\ 2,\ \cdots,\ n) \tag{4-7}$$

式中,$F^*(x_i)=\dfrac{i}{n+1}$ 为经验分布函数。

可得

$$a = \frac{\sigma(y)}{\sigma(x)}, \ u = \frac{E(y)}{a} - E(x) \tag{4-8}$$

式中：$E(x)$ 为样本均值；$\sigma(x)$ 为样本标准差。

对于分布的检验我们常采用柯尔莫哥洛夫适度（K-S）检验。假设检验问题如下：H0，样本来自的总体服从某分布；H1，样本来自的总体不服从某分布。$F_n(x)$ 为待检验分布的分布函数，K-S 统计量为

$$D = \max \left| F_n(x) - F_0(x) \right| \tag{4-9}$$

这代表着样本所属总体的分布与给定分布之间的距离。显然，当两分布相近的时候，距离自然就非常小，这个统计量就是描述距离的最大值，然后与 K-S 检验 D 统计量的临界值作比较。H0 的拒绝域为 $D > D_{n,a}$。

4.1.3 某寒冷地区水库坝址区气象分析

1）气候特征分析

选用坝址区 2016 年 4 月 1 日至 2021 年 4 月 1 日这 5 年间的气候数据进行分析，缺测的数据采用尖草坪国家站的数据进行补插。5 年内每日气温的统计参数如表 4-1 所示，气温的极值如表 4-2 所示，过程线及趋势线如图 4-1 所示。

表 4-1　坝址区日气温的均值、方差和变异系数

均值	方差	变异系数
10.034℃	103.87	1.01

表 4-2　坝址区气温的极值

	最高温度	最低温度
温度	28.8℃	−15.2℃
所在日期	2016-7-30	2021-1-7

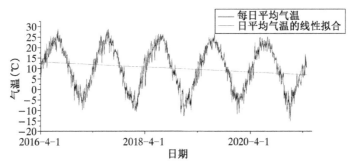

图 4-1　坝址区每日平均气温及线性拟合结果

线性趋势的一元方程为 $y = -0.1002x + 13.053$。 由图和表可得以下结论：

（1）坝址区的气温呈现周期性，且通过趋势线可知 5 年内的气温呈现下降趋势。

（2）坝址区内的最低气温为 $-15.2℃$，在 2021 年 1 月 7 日出现；最高气温为 $28.8℃$，在 2016 年 7 月 30 日出现。

进一步分析，我们绘制出年平均气温的距平值图（图 4-2）和冬季平均气温的图（图 4-3）。

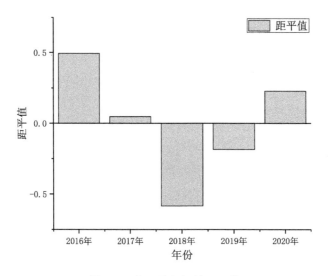

图 4-2 年平均气温的距平值

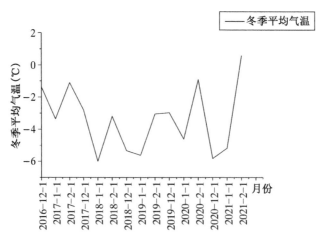

图 4-3 坝址区冬季平均气温

从图 4-2 和图 4-3 中,我们可以得知:

(1)年平均气温在 2016 年和 2018 年时变化较大,2018 年和 2019 年的气温较低。

(2)从冬季的平均气温图像得知,坝址区的冬季温度较低,基本都低于 0℃,水库会有结冰现象,对大坝的安全性可能产生影响。

(3)冬季的最低气温在波动中呈现变小的趋势,且在 2021 年 1 月到达最低值。

利用 SPSS 软件对日均气温进行正态分布的 K-S 检验,如图 4-4 所示。由图 4-4 可见,检验结果表示气温的数据并不符合正态分布的分布规律。

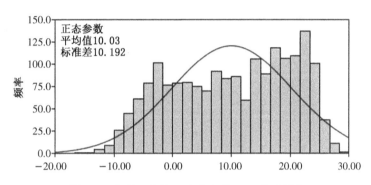

图 4-4 坝址区气温正态分布的 K-S 检验图像

2)极值估计分析

由于极端严寒条件下水库结冰会对大坝的稳定安全产生影响,因此需要对坝址区的极端低温进行估计。我们选择 -10℃以下的温度作为极端低温,近些年的极端低温数据如表 4-3 所示。从表中我们看出极端的低温天气在 2018 年出现最多,而最低温度在波动中逐渐减小,在 2021 年达到极小值。

表 4-3 坝址区极端低温数据

日期	2018-1-21	2018-1-30	2018-12-4	2018-12-5	2018-12-25	2018-12-26
温度	-10.2℃	-10.5℃	-10.3℃	-11.7℃	-12.6℃	-12.7℃
日期	2018-12-27	2018-12-29	2019-12-28	2020-1-11	2020-12-11	2020-12-18
温度	-11.3℃	-10.9℃	-11.8℃	-11.2℃	-10.6℃	-10.6℃
日期	2021-1-3	2021-1-4	2021-1-5			
温度	-13.2℃	-15.2℃	-10.7℃			

依据表4-3的数据,采用实用性较广的耿贝尔分布进行复现期内极端低温的温度估计,如图4-5所示。从图中我们可以得到10年一遇的最低温度为-13.95℃;100年一遇的最低温度为-16.87℃;1000年一遇的最低温度为-19.83℃。注意,由于使用耿贝尔法进行极值估计时,所选的数据都应为正值,因此本计算中对于零度以下的气温取其绝对值(反号)进行分析计算,图4-5中的曲线数据在后续计算应用中均需要取反号。

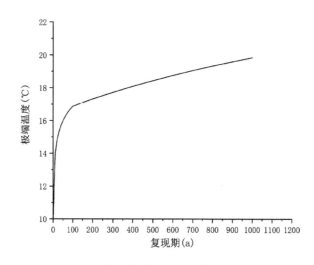

图4-5 复现期内极端低温估计(取反)

4.2 坝址区水位

4.2.1 库水位变化对水库滑坡稳定性影响研究现状

水库库岸滑坡既有一般山地滑坡的共性,又有其特殊的一面。其特殊在于它的活动与库水位的升降有很大的关系。一方面水库的蓄水过程可能会诱发水库地震,另外库水位的上升导致坡体浸水体积增加或软化,滑面上的有效应力减少或抗滑阻力减少,部分滑带饱水后强度降低;另一方面库水位骤然下降时,由于坡体中地下水位下降相对滞后,导致坡体内产生超空隙水压力。所有这些都可能对滑坡的稳定性产生不良的影响。

朱冬林等[12]对库水位变化下滑坡稳定性进行预测。对某水库滑坡进行了考察,分析其初期蓄水过程中滑坡的位移动态和代表性测点位移的规律,确定最危险水位进行稳定性计算中的参数反演。结果表明随着库水位的上升或下降,滑坡的稳定性均会出现由"大→小→大"的变化过程,这一重要的现象有助于研究者正确地认识地下水在边坡工程中的作用。刘新喜等[13]研究了库水位下降对滑坡稳定性产生的影响。以三峡水库为研究对象,根据三峡水库水位调控方案考虑库区极端暴雨情况,利用有限元模拟库水位在175~145 m波动和降雨时红石包滑坡Ⅲ的暂态渗流场,将计算得到的暂态孔隙水压力分布用于滑坡的极限平衡分析,并考虑基质吸力对非饱和土抗剪强度的影响。探讨不同降雨速度、降雨条件对滑坡稳定性的影响。研究结果表明,库水位下降将使滑坡的稳定性降低,降速对红石包滑坡Ⅲ的稳定性的影响主要由滑坡土的入渗能力来控制,当降速小于滑坡土的饱和渗透数时,滑坡中渗流浸润线变化较平缓,降速增大对滑坡稳定性的影响较小;红石包滑坡Ⅲ的渗流数值模拟与稳定性研究表明,库水位下降使滑坡安全系数变化由大到小再增大,滑坡失稳通常发生在库水位下降10~20 m处。刘新喜等[14]研究了库水位骤降时的滑坡稳定性评价方法。所谓骤降一般是指水位降落很快,斜坡体(滑坡)内自由面或渗流浸润线滞后于水位降落。库水位骤降时的滑坡稳定性评价是滑坡防治中的一个难题。根据三峡水库水位调控方案和库区滑坡地下水作用的力学模式,利用有限元模拟库水位从175 m骤降至145 m时的滑坡暂态渗流场,建立了渗透力作用下滑坡稳定性评价的不平衡推力法。研究表明:滑坡的渗透系数和库水位下降速度是影响滑坡稳定性的主要因素。刘才华等[15]对库水位上升诱发边坡失稳机理进行研究。库水位上升有可能诱发边坡失稳破坏,湖北省秭归县三峡库区的千将坪高速滑坡即是一例。库水位上升对边坡稳定性的影响主要表现在孔隙水压力作用和滑动面强度参数的弱化上,采用Mohr-Coulomb强度准则描述孔隙水压力对土体应力状态的影响,土体浸水后在孔隙水压力作用下Mohr应力圆变小而向左移动并相对远离强度曲线。分析表明,在库水位由坡脚上升到坡顶过程中,孔隙水压力作用使边坡的稳定性先降低后增加。研究指出水库蓄水初期由于孔隙水压力使边坡的稳定性降低,加上滑动面强度参数的弱化给边坡稳定性带来不利影响,若边坡的安全储备强度不够,很可能发生滑坡。

4.2.2 坝址区水位变化特征及极值估计

1) 坝址区水位变化特征

描述坝址区水位变化特征的理论与描述坝址区气温变化特征的理论相似,在此不多赘述。2014 年晋祠泉复流工程启动,某寒冷地区水库经过蓄水安全鉴定,由专家给出意见,同意蓄水至 900 m 高程。因此,选择坝址区 2014 年到 2021 年这 7 年间的水位情况进行分析,坝址区每日水位变化过程线及趋势线分析结果如图 4-6 所示;坝址区每日水位的统计特征分析结果如表 4-4 所示;坝址区每日水位高程的极值分析结果如表 4-5 所示。

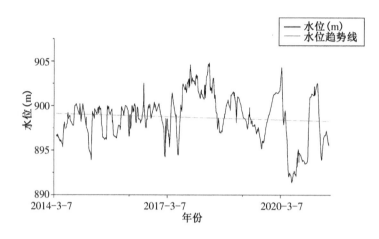

图 4-6 坝址区每日水位变化过程线及趋势线

表 4-4 坝址区每日水位的统计特征

均值	方差	变异系数
898.68 m	6.57	0.002 85

表 4-5 坝址区每日水位的极值

	最高水位	最低水位
水位高程(m)	904.81	891.4
发生日期	2018-4-18	2020-6-26

坝址区每日水位的线性拟合方程为:$x = -0.000\,3t + 899.1$。通过图表可得到以下结论:

(1) 7 年内坝址区每日水位在高程 890 m 到 905 m 之间波动变化。并且通过趋势线可以看出库每日水位呈现一定的下降趋势。

(2) 7 年内坝址区每日水位的高程均值为 898.68 m,最高日水位高程为 904.81 m,出现在 2018 年 4 月 18 日,最低日水位高程为 891.4 m 出现在 2020 年 6 月 26 日。

我们对年平均水位和冬季月平均水位还做了进一步分析,坝址区年平均水位距平值分析结果如图 4-7 所示;坝址区年平均水位分析结果如表 4-6 所示;坝址区冬季平均水位分析结果如图 4-8 所示;坝址区冬季月平均水位统计特征分析结果如表 4-7 所示。

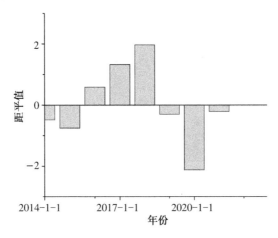

图 4-7　坝址区年平均水位距平值

表 4-6　坝址区年平均水位

年　份	2014	2015	2016	2017
平均水位(m)	898.17	897.9	899.23	899.95
年　份	2018	2019	2020	2021
平均水位(m)	900.62	898.35	896.53	898.44

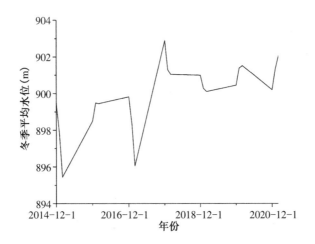

图 4-8　坝址区冬季平均水位

47

表 4-7　坝址区冬季月平均水位统计特征

均值（高程）	方差	变异系数
899.91 m	3.46	0.002 1

从图表中我们可以得到以下结论：

（1）7 年内坝址区的年平均水位是降低、升高再降低的变化过程。其中 2018 年的年平均库水位最高，2020 年的年平均库水位最低。

（2）7 年内坝址区冬季的平均水位呈现增长的趋势，月平均水位均值为高程 899.91 m。2014 年 12 月的月平均水位最低，2020 年 1 月的月平均水位最高。

利用 SPSS 软件对坝址区每日水位进行正态分布的 K-S 检验，如图 4-9 所示。检验结果表示水位的数据并不符合正态分布的分布规律。

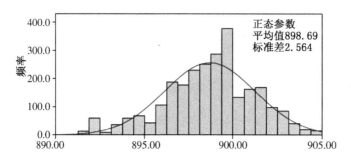

图 4-9　坝址区每日水位的正态分布 K-S 检验结果

对坝址区水位的统计特征进行分析，得到以下结论：

（1）7 年内坝址区每日水位在高程 890 m 到高程 905 m 之间波动变化。并且通过趋势线可以得到每日水位，大致呈现下降趋势。

（2）7 年内坝址区每日水位的均值为高程 898.68 m，最高日水位为高程 904.81 m 出现在 2018 年 4 月 18 日，最低日水位为高程 891.4 m 出现在 2020 年 6 月 26 日。

（3）7 年内坝址区的年平均水位呈现减小增加再减小的变化过程。其中 2018 年的年平均库水位最高，2020 年的年平均库水位最低。

（4）7 年内坝址区冬季的月平均水位为高程 899.91 m，呈现增长的趋势。在 2014 年 12 月的月平均水位最低，2020 年 1 月的月平均水位最高。

2）坝址区水位极值估计

坝址区的库水位变化会影响大坝的安全，采用适应性较强的耿贝尔分布对库水位进行极值估计。选择日水位极值大于高程 904 m 的数据进行估计。坝址区每日水位的极值及所在日期分析结果如表 4-8 所示。从表中我们可以得知,在水位超过高程 904 m 的时间中,2018 年 4 月所占的比例最大。原因是 2018 年 4 月,水库按照省厅调度指令,对上游来水进行调蓄,入库大于出库,导致水位上涨。随后回落至正常水平。

表 4-8　坝址区每日水位的极值及所在日期

日期	2017-10-11	2017-10-13	2017-10-14	2017-10-15	2017-10-16	2018-4-3
水位	904.10 m	904.13 m	904.63 m	904.61 m	904.65 m	904.20 m
日期	2018-4-4	2018-4-5	2018-4-6	2018-4-7	2018-4-8	2018-4-9
水位	904.36 m	904.55 m	904.63 m	904.61 m	904.65 m	904.61 m
日期	2018-4-10	2018-4-11	2018-4-12	2018-4-13	2018-4-14	2018-4-17
水位	904.55 m	904.51 m	904.42 m	904.57 m	904.67 m	904.68 m
日期	2018-4-18	2018-4-19	2018-4-20	2020-3-15	2020-3-16	2020-3-17
水位	904.81 m	904.53 m	904.22 m	904.00 m	904.14 m	904.30 m

坝址区每日水位的极值估计分析结果如图 4-10 所示。

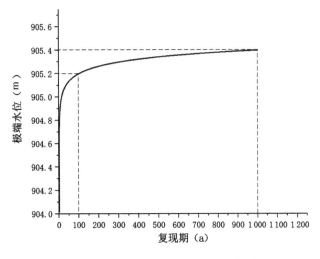

图 4-10　坝址区每日水位的极值估计

通过极值估计的结果,我们可以得到坝址区 10 年一遇的日水位为 904.8 m,100 年一遇的日水位为 905.2 m,1 000 年一遇的日水位为 905.4 m。

4.3 坝址区水温

4.3.1 水库水温影响相关研究

水温是坝体温度场重要的控制因素之一,也是影响大坝变形场、渗流场和应力场的关键因素。水库的修建会改变天然河道的水温规律,打破其长期天然形成的生态平衡。库水的蓄积使库内水体相对封闭,缓慢的流速不足以为水体垂直交换提供足够的动能,同时因为表层水温受气温影响较大。高坝大库从特定高程取水还会造成下泄水体出现春夏季温度降低以及冬季温度升高的现象,从而改变坝下建筑物的温度和应力边界条件,为下游输水建筑物的安全分析提出了新的要求。

周晨阳等[16]对瀑布沟水库水温影响进行调查,对大型水库热力学过程的演变规律进行研究,通过一年的现场原型观测,采用对比和统计分析的方法,阐述了瀑布沟水库不同季节的水温结构变化规律及坝址上下游的热力关系。得到瀑布沟库区水温分层等温线呈近似水平线的结论,坝前垂向水温在高温期出现双温跃层现象,冬季库尾段出现冷水下潜现象,与坝址天然水温过程相比,电站下泄水温过程表现出了明显的均化效应和延迟效应,最大降温出现在 4 月达 1.7℃,最大升温出现在 12 月达 3.3℃。由于深层取水,电站下泄水温日过程具有较好的稳定性,取水口对坝前具有"抽吸"作用。詹晓群等[17]对山口岩水库水温计算以及对下游河道水温影响进行分析,对山口岩水库水温分布、水库泄水温度状况及坝下游河道水温沿程变化做了预测,判断库区水温结构属于典型的分层型,在坝址至半山水汇入口 6 km 长的河段水温回升较慢,年平均水温温升率为0.414℃/km。阮娅等[18]对乌东德水库预测及低温水减缓措施进行研究,采用宽度平均的立面二维水温数学模型对水库水温结构进行预测,得到乌东德水库水温结构呈季节性分层特征,电站运行对下游水温过程有一定程度的春季低温水和冬季高温水影响。相比于单层取水方案,叠梁门方案在 3—5 月对低温水的改善效果较明显,能够更有效地提高水库下泄水温,减缓升温期延迟效应。

4.3.2 坝址区水位变化特征及极值估计

数据选取的是坝址区 2021 年 4 月的水温数据。坝址区 2021 年 4 月份的每日水温变化如图 4-11 所示;每日水温统计特征如表 4-9 所示;每日水温极值如表 4-10 所示。

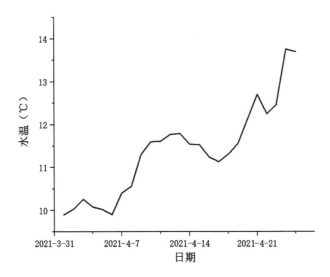

图 4-11　坝址区 2021 年 4 月水温变化时间过程线

表 4-9　坝址区 2021 年 4 月的水温统计特征

均值(℃)	方差
11.35	1.21

表 4-10　坝址区 2021 年 4 月水温极值

	最高水温	最低水温
水温(℃)	13.76	9.9
所在日期	4 月 23 日	4 月 1 日

根据分析结果可以得知:坝址区的水温在 2021 年 4 月呈现上升趋势,最高水温发生在 4 月 23 日,相应水温值为 13.76℃,最低水温发生在 4 月 1 日,相应水温值为 9.9℃。

4.4　坝址区气温与水位的联合分布

极低气温是冰厚等大坝冬季荷载的主要因素,其与高水位的组合是冬季大坝的典型不利荷载组合,因此研究低温与高水位的联合分布概率具有十分重要的意义。

4.4.1 Copula 理论及 Copula 函数

近年来兴起并在水文等领域得到成功运用的 Copula 方法,是通过 Copula 函数将具有相关关系变量的边缘分布连接起来,从而建立起不同变量之间的联合分布模型,即用 Copula 函数描述变量之间的相关结构。

Copula 方法的理论基础是 Sklar 定理:令 H 为 n 维联合分布函数,其边缘分布函数分别为 F_1,F_2,$\cdots$,F_n;存在唯的 n-Copula 函数 C,对于 $\forall x \subset R^n$,$H(x_1,x_2,\cdots,x_n)=C[F_1(x_1),F_2(x_2),\cdots,F_n(x_n)]$。若 F_1,F_2,$\cdots$,F_n 全部是连续的,则 C 是唯一的;否则,C 在 $Ran F_1 \times Ran F_2 \times \cdots \times Ran F_n$ 上是唯一确定的,Ran 表示边缘分布的值域。反之,若 C 是一个 n 维 Copula 函数,且 F_1,F_2,$\cdots$,F_n 是分布函数,则定义的函数 H 是边缘分布为 F_1,F_2,$\cdots$,F_n 的 n 维分布函数。

采用二元 Copula 函数分析坝址区气温与水位的联合分布问题。目前构造多元 Copula 函数的方法有很多,下面介绍常用的三种函数。

(1) 二元正态 Copula 函数

$$c(u,v;\rho)=\frac{1}{\sqrt{1-\rho^2}}\exp\left[-\frac{\Phi^{-1}(u)^2+\Phi^{-1}(v)^2-2\rho\Phi^{-1}(u)\Phi^{-1}(v)}{2(1-\rho^2)}\right]$$

$$\exp\left[-\frac{\Phi^{-1}(u)^2\Phi^{-1}(v)^2}{2}\right] \tag{4-10a}$$

$$C(u,v;\rho)=\int_{-\infty}^{\Phi^{-1}(u)}\int_{-\infty}^{\Phi^{-1}(v)}\frac{1}{2\pi\sqrt{1-\rho^2}}\exp\left(\frac{-(r^2+s^2-2\rho rs)}{2(1-\rho^2)}drds\right)$$

$$\tag{4-10b}$$

式中:$\rho \in (-1,1)$;Φ 表示一元标准正态分布的分布函数。二元正态 Copula 的边际分布为标准正态分布。

(2) 二元 T-Copula 函数

$$C(u,v;\rho,\lambda)=\int_{-\infty}^{T_\lambda^{-1}(u)}\int_{-\infty}^{T_\lambda^{-1}(v)}\frac{1}{2\pi\sqrt{1-\rho^2}}\left[1+\frac{s^2+t^2-2\rho st}{\lambda(1-\rho)^2}\right]^{-\frac{\lambda+2}{2}}ds\,dt$$

$$\tag{4-11a}$$

$$c(u, v, \rho; \lambda) = \rho^{-\frac{1}{2}} \frac{\Gamma\left(\frac{\lambda+2}{2}\right)\Gamma\left(\frac{\lambda}{2}\right)}{\left[\Gamma\left(\frac{\lambda+1}{2}\right)\right]^2} \frac{\left[1 + \frac{\zeta_1^2 + \zeta_2^2 - 2\rho\zeta_1\zeta_2}{\lambda(1-\rho)^2}\right]^{-\frac{\lambda+2}{2}}}{\prod_{i=1}^{2}\left(1 + \frac{\zeta_i^2}{\lambda}\right)^{-\frac{\lambda+2}{2}}}$$

$$(4\text{-}11\text{b})$$

式中：$\rho \in (-1, 1)$；$\Gamma(\cdot)$ 表示一元 Γ 分布函数。

（3）二元 Gumbel-Copula 函数：

$$C_G(u, v; \alpha) = \exp\left\{-\left[(-\ln u)^{\frac{1}{\alpha}} + (-\ln v)^{\frac{1}{\alpha}}\right]^{\alpha}\right\} \qquad (4\text{-}12\text{a})$$

$$C_G(u, v; \alpha) = \frac{C_G(u, v; \alpha)(\ln u \times \ln v)^{\frac{1}{\alpha}-1}}{uv\left[(-\ln u)^{\frac{1}{\alpha}} + (-\ln v)^{\frac{1}{\alpha}}\right]^{2-\alpha}} \left\{\left[(-\ln u)^{\frac{1}{\alpha}} + (-\ln v)^{\frac{1}{\alpha}}\right]^{\alpha} + \frac{1}{\alpha} - 1\right)$$

$$(4\text{-}12\text{b})$$

式中，参数 $\delta \geqslant 1$ 表示相依程度。当 $\delta = 1$ 时，u、v 相互独立，$\delta \to \infty$ 时，u、v 趋近于完全相依。

所选取的 Copula 函数是否合适，能否恰当描述变量之间的相关性结构，需要通过对 Copula 函数进行分布拟合检验来确定，而通过拟合检验的 Copula 函数可根据拟合优度评价指标来进行优选。这里采用 Kolmogorov-Simirnov（K-S）检验对 Copula 函数进行拟合检验，采用离散平方和（OLS）最小准则对 Copula 函数进行拟合优度评价。K-S 检验统计量和离散平方和的定义如下

$$D = \max_{1 \leqslant k \leqslant n}\left\{\left|C_k - \frac{m_k}{n}\right|, \left|C_k - \frac{m_{k-1}}{n}\right|\right\} \qquad (4\text{-}13)$$

式中：C_k 为联合观测样本 $x_k = (x_{1k}, x_{2k}, x_{3k})$ 的 Copula 值；m_k 为联合观测样本中满足条件 $x \leqslant x_k$ 的联合观测值的个数。离散平方和的定义如下

$$OLS = \sqrt{\frac{1}{n}\sum_{i=1}^{n}(p_i - p_{ei})^2} \qquad (4\text{-}14)$$

式中，p_i 和 p_{ei} 分别为联合分布的理论概率和经验概率。选取二元正态分布 Copula 函数进行分析。

在本书中，我们选取一个极值 Gumbel Copula 函数配合高水位和低气温边缘极值分布的联合概率密度函数。

4.4.2 坝址区气温与水位数据分析

在此选取坝址区 2016 年 4 月至 2021 年 4 月之间的温度和水位数据进行分析。在进行水文分析时，通常使用皮尔逊-Ⅲ（p-Ⅲ）型进行拟合水文单变量极值分布，其概率密度函数为

$$f(x)=\frac{\beta^{\alpha}}{\Gamma(\alpha)}(x-\alpha_0)^{\alpha-1}e^{-\beta(x-\alpha_0)} \tag{4-15}$$

式中，α，β，α_0 分别为形状、尺度和位置参数。采用线性矩法估计上述参数，得到气温和水位的样本均值 E、变异系数 Cv 和偏态系数 Cs。

表 4-11　气温及温度 P Ⅲ型分布参数

	E	Cv	Cs
气温(℃)	10.034 3	1.015 7	−0.209 9
水位(m)	898.905 1	0.004 0	−10.343 5

在此首先通过对于气温的核分布和经验分布的对比来表明采用函数的正确性。从图 4-12 中我们看到核分布估计值与经验分布估计值的曲线是基本重合的，可见选取二元正态 Copula 函数是正确的。随后我们可以得出坝址区水位的核分布估计值。

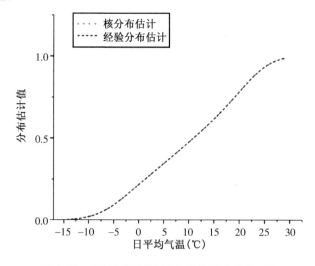

图 4-12　坝址区气温的核分布与经验分布对比

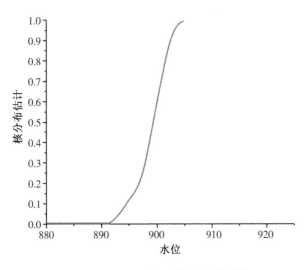

图 4-13　坝址区水位的核分布估计值

通过二元 Copula 函数,可以拟合出温度与水位联合分布的频数直方图,如图 4-14 所示。X, Y 坐标分别是气温与水位的核估计值。通过频数的定义,可以从中得知某部分的频数与总频数相除,即为该部分出现的概率。现在假设气温低于零下 13℃ 为极端低温,水位高于 902 m 为高水位,从图 4-14 中,我们可以得到极端低温与高水位同时出现的次数约为 35 次,除以 5 年的总天数,概率大约为 1.94%。虽然概率从数值上是不大的,但是仍然要为出现这种状况时的各种应对做好准备。

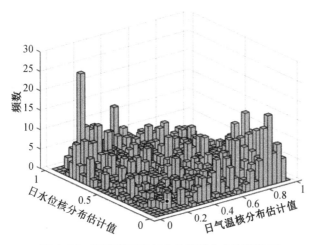

图 4-14　坝址区气温与水位的联合分布频数图

参考文献

[1] 滕水昌,张敏,滕杰,等.1951—2016年甘肃乌鞘岭气候变化特征[J].干旱气象,2018,36(1):75-81+129.

[2] 李潇潇,刘晓初.1961—2010年大连地区年平均气温和地温的变化特征分析[C]//第32届中国气象学会年会论文集.天津:第32届中国气象学会年会,2015:1-8.

[3] 刘德和,黄冬云,方爱花.近34年惠安县地面温度的气候变化特征[C]//第32届中国气象学会年会论文集.天津:第32届中国气象学会年会,2015:42-43.

[4] 刘瑞芳,刘志宏.乌审旗1965—2015年气温变化特征分析[J].内蒙古气象,2016(6):7-9.

[5] 赤曲.西藏近45年之气候变化特征浅析[J].西藏科技,2017(1):54-59.

[6] 封静,潘安定,李冰.珠三角地区近40年的气温变化特征分析[J].热带农业工程,2011,35(5):60-64.

[7] 黄雪松.广西一定重现期气象极值的离散特征分析[J].气象研究与应用,1990,11(3):31-35.

[8] 丁裕国,金莲姬,刘晶淼.诊断天气气候时间序列极值特征的一种新方法[J].大气科学,2002,26(3):343-351.

[9] 程炳岩,丁裕国,汪方.非正态分布的天气气候序列极值特征诊断方法研究[J].大气科学,2003,27(5):920-928.

[10] 林晶,陈惠,陈家金,等.福建省年极端低温的分布及其参数估计[J].中国农业气象,2011(S1):24-27.

[11] 苏志,李艳兰,涂方旭.广西冬季极端最低气温的概率分布模型选择及其极值和重现期计算[J].广西科学,2002,9(1):73-77.

[12] 朱冬林,任光明,聂德新,等.库水位变化下对水库滑坡稳定性影响的预测[J].水文地质工程地质,2002,29(3):6-9.

[13] 刘新喜,夏元友,张显书,等.库水位下降对滑坡稳定性的影响[J].岩石力学与工程学报,2005,24(8):1439-1444.

[14] 刘新喜,夏元友,练操,等.库水位骤降时的滑坡稳定性评价方法研究[J].岩土力学,2005,26(9):1427-1436.

[15] 刘才华,陈从新,冯夏庭.库水位上升诱发边坡失稳机理研究[J].岩土力学,2005,26(5):769-773.

[16] 周晨阳,脱友才,李克锋,等.瀑布沟水库水温影响调查[J].四川大学学报(工程科学版),2016,48(S2):27-33.

[17] 詹晓群,陈建,胡建军.山口岩水库水温计算及其对下游河道水温影响分析[J].水资源保护,2005,21(1):29-31+35.

[18] 阮娅,脱友才,邓云,等.乌东德水库水温预测及低温水减缓措施[J].长江流域资源与环境,2017,26(11):1912-1918.

5 水冰相变数值计算原理和方法

5.1 导热控制方程

若在一个均匀各向同向且含有热源的区域中取出一个如图 5-1 所示的小微元六面体,边长分别为 dx、dy、dz。单位时间内沿 x 方向进入的热量为 $q_x \mathrm{d}y\mathrm{d}z$,流出的热量为 $q_{x+\mathrm{d}x}\mathrm{d}y\mathrm{d}z$,则单位时间内沿 x 方向进入的净热量为 $Q_x = (q_x - q_{x+\mathrm{d}x})\mathrm{d}y\mathrm{d}z$。

由固体热传导理论,单位时间内通过单位面积的热流量,即热流密度 q,单位为 $\mathrm{kJ/(m^2 \cdot h)}$。与温度的梯度成正比,方向与温度的梯度方向相反,得到

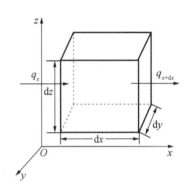

图 5-1 热传导示意图

$$q_x = -\lambda \frac{\partial T}{\partial x} \tag{5-1}$$

式中,λ 为导热系数,单位为 $\mathrm{kJ/(m^2 \cdot h \cdot ℃)}$。

$$q_{x+\mathrm{d}x} = -\lambda \frac{\partial T}{\partial x} - \lambda \frac{\partial^2 T}{\partial x^2}\mathrm{d}x \tag{5-2}$$

x 方向热量流入与流出之差,即流入的净热量为

$$Q_x = \lambda \frac{\partial^2 T}{\partial x^2}\mathrm{d}x\mathrm{d}y\mathrm{d}z \tag{5-3}$$

同理可得沿着 y 和 z 方向的流入净热量

$$Q_y = \lambda \frac{\partial^2 T}{\partial y^2}\mathrm{d}x\mathrm{d}y\mathrm{d}z \tag{5-4}$$

$$Q_z = \lambda \frac{\partial^2 T}{\partial z^2} \mathrm{d}x\,\mathrm{d}y\,\mathrm{d}z \tag{5-5}$$

微元体流入的总热量为

$$Q_1 = Q_x + Q_y + Q_z = \lambda \left(\frac{\partial^2 T}{\partial x^2} + \frac{\partial^2 T}{\partial y^2} + \frac{\partial^2 T}{\partial z^2} \right) \mathrm{d}x\,\mathrm{d}y\,\mathrm{d}z \tag{5-6}$$

对于有内热源存在的情况,以水泥为例。由于水泥水化热,微元体单位时间发出的热量为

$$Q_2 = c\rho \frac{\partial \theta}{\partial \tau} \mathrm{d}x\,\mathrm{d}y\,\mathrm{d}z \tag{5-7}$$

式中:c 为比热,单位为 $\mathrm{kJ/(kg \cdot ℃)}$;ρ 为容重,单位为 $\mathrm{kg/m^3}$;τ 为时间,单位为 h;θ 为绝热温升,单位为 ℃。

单位时间内由于温度的升高而要吸收的热量为

$$Q_3 = c\rho \frac{\partial T}{\partial \tau} \mathrm{d}x\,\mathrm{d}y\,\mathrm{d}z \tag{5-8}$$

由热量的平衡原理,从外面流入的净热量与内部水化热之和必须等于温度升高所吸收的热量,即 $Q_3 = Q_1 + Q_2$,从而得到[1]

$$c\rho \frac{\partial T}{\partial \tau} \mathrm{d}x\,\mathrm{d}y\,\mathrm{d}z = \left[\lambda \left(\frac{\partial^2 T}{\partial x^2} + \frac{\partial^2 T}{\partial y^2} + \frac{\partial^2 T}{\partial z^2} \right) + c\rho \frac{\partial \theta}{\partial \tau} \right] \mathrm{d}x\,\mathrm{d}y\,\mathrm{d}z \tag{5-9}$$

化简后得到均匀各向同性固体的导热方程

$$\frac{\partial T}{\partial \tau} = a \left(\frac{\partial^2 T}{\partial x^2} + \frac{\partial^2 T}{\partial y^2} + \frac{\partial^2 T}{\partial z^2} \right) + \frac{\partial \theta}{\partial \tau} \tag{5-10}$$

式中,$a = \lambda/c\rho$ 为导温系数,单位为 $\mathrm{m^2/h}$。

若区域内没有热源,且温度场不随时间而变,此时 $\frac{\partial T}{\partial \tau} = 0$、$\frac{\partial \theta}{\partial \tau} = 0$,式(5-10)变为

$$\frac{\partial^2 T}{\partial x^2} + \frac{\partial^2 T}{\partial y^2} + \frac{\partial^2 T}{\partial z^2} = 0 \tag{5-11}$$

这种不随时间变化的温度场为稳定温度场。

若区域内无热源,但温度场还随时间的变化而变化,即 $\frac{\partial T}{\partial \tau} \neq 0$、$\frac{\partial \theta}{\partial \tau} = 0$,则由

式(5-10)得

$$\frac{\partial T}{\partial \tau} = a \left(\frac{\partial^2 T}{\partial x^2} + \frac{\partial^2 T}{\partial y^2} + \frac{\partial^2 T}{\partial z^2} \right) \tag{5-12}$$

这种仅随时间变化的温度场为准稳定温度场。

若温度场不仅随时间变化,且混凝土水化热尚在释放,即 $\frac{\partial T}{\partial \tau} \neq 0$、$\frac{\partial \theta}{\partial \tau} \neq 0$,就是式(5-10),这种不但受混凝土水化热的影响,而且还随时间变化的温度场为非稳定温度场。

5.2 初始条件和边界条件

导热方程建立了物体的温度与时间、空间的一般关系,为了确定温度场,还必须知道初始条件和边界条件。初始条件为在物体内部初始瞬间温度场的分布规律。边界条件包括周围介质与物体表面相互作用的规律及物体的几何形状。初始条件和边界条件合称为边值条件。

(1) 初始条件

求解温度场问题时初始条件为已知,即初始瞬时物体内部的温度分布规律已知,数学表达式为

$$T(x, y, z, 0) = T_0(x, y, z, 0) \tag{5-13}$$

一般初始瞬时的温度分布可以认为是常数,即 $T = T(x, y, z, 0) = T_0 = \text{const}$,在混凝土浇筑块温度计算过程中,初始温度即为浇筑温度。

(2) 边界条件

边界条件可以用以下四种方式给出[2]:

① 第一类边界条件

T 函数在 Γ_1 边界上得到满足,Γ_1 边界上已知物体表面的温度,第一类边界条件混凝土表面温度是时间的已知函数,即

$$T(\tau) = f_1(\tau) \tag{5-14}$$

在实际工程中,属于第一类边界条件的情况是混凝土表面与流水直接接触,这时可取混凝土表面的温度等于流水的温度 T_b,即

$$T = T_b \tag{5-15}$$

② 第二类边界条件

在 Γ_2 边界上已知物体表面输入的热流量,即第二类边界条件为混凝土表面的热流量是时间 τ 的已知函数,即

$$-\lambda \frac{\partial T}{\partial n} = f_2(\tau) \tag{5-16}$$

式中:n 为表面法线方向;λ 为导热系数。

若表面的热流量等于零,则第二类边界条件转化为绝热边界条件,即

$$\frac{\partial T}{\partial n} = 0 \tag{5-17}$$

③ 第三类边界条件

在 Γ_3 边界上已知对流时的环境温度,即第三类边界条件为混凝土与空气接触时的情况,在实际计算中可用对流边界条件来表示。它表示了固体与流体(如空气)接触时的传热条件,即混凝土的表面热流量和表面温度 T 与气温 T_a 之差成正比,数学表达式为

$$-\lambda \frac{\partial T}{\partial n} = \beta(T - T_a) \tag{5-18}$$

式中,β 为放热系数,单位为 kJ/(m² · h · ℃)。

当放热系数 β 趋于无限时,$T = T_a$,即转化为第一类边界条件。当放热系数 $\beta = 0$ 时,$\frac{\partial T}{\partial n} = 0$,又转化为绝热条件。

④ 第四类边界条件

当两种不同的固体接触时,如接触良好,则在接触面上温度和热流量都是连续的,即

$$T_1 = T_2 \tag{5-19}$$

$$\lambda_1 \frac{\partial T_1}{\partial n} = \lambda_2 \frac{\partial T_2}{\partial n} \tag{5-20}$$

如果两固体之间接触不良,则温度是不连续的,$T_1 \neq T_2$,这时需要引入接触热阻的概念。假设接触裂隙中的热容量可以忽略,那么接触面上热流量应保持平衡,因此边界条件如下

$$\left.\begin{array}{l} \lambda_1 \dfrac{\partial T_1}{\partial n} = \dfrac{1}{R_c}(T_2 - T_1) \\[3mm] \lambda_1 \dfrac{\partial T_1}{\partial n} = \lambda_2 \dfrac{\partial T_2}{\partial n} \end{array}\right\} \qquad (5\text{-}21)$$

式中，R_c 为因接触不良产生的热阻，单位为 $(m^2 \cdot h \cdot ℃)/kJ$，由实验确定。

5.3　温度场的有限元法

根据热传导理论，三维非稳定温度场 $T(x, y, z, \tau)$，应满足偏微分方程式 (5-10) 及相应的初始条件式 (5-13) 和边界条件式 (5-14) 至式 (5-21)。

单元内任一点的温度可用形函数利用单元结点温度插值表示，即

$$T = \sum_{i=1}^{8} N_i T_i = [N]\{T\}^e \qquad (5\text{-}22)$$

式中：N_i 为形函数；T_i 为结点温度。

对泛定方程式 (5-10) 在三维空间域 R 内应用加权余量法得[3]：

$$\iiint\limits_{R} W_i \left[\left(\frac{\partial^2 T}{\partial x^2} + \frac{\partial^2 T}{\partial y^2} + \frac{\partial^2 T}{\partial z^2} \right) + \frac{1}{a} \left(\frac{\partial \theta}{\partial \tau} - \frac{\partial T}{\partial n} \right) \right] dx\,dy\,dz = 0 \qquad (5\text{-}23)$$

采用伽列金方法在空间域内取权函数等于形函数 N_i，代入式 (5-23) 得

$$\iiint\limits_{R} N_i \left[\left(\frac{\partial^2 T}{\partial x^2} + \frac{\partial^2 T}{\partial y^2} + \frac{\partial^2 T}{\partial z^2} \right) + \frac{1}{a} \left(\frac{\partial \theta}{\partial \tau} - \frac{\partial T}{\partial n} \right) \right] dx\,dy\,dz = 0 \qquad (5\text{-}24)$$

对式 (5-24) 进行分部积分得

$$\iiint\limits_{R} \left(\frac{\partial T}{\partial x} \frac{\partial N_i}{\partial x} + \frac{\partial T}{\partial y} \frac{\partial N_i}{\partial y} + \frac{\partial T}{\partial z} \frac{\partial N_i}{\partial z} \right) - \frac{N_i}{a} \left(\frac{\partial \theta}{\partial \tau} - \frac{\partial T}{\partial \tau} \right) dx\,dy\,dz - \iint\limits_{S} \frac{\partial T}{\partial n} N_i \, ds = 0$$

$$(5\text{-}25)$$

将式 (5-22) 代入式 (5-25) 并将其写成矩阵的形式，得

$$\iiint\limits_{R} [B_i]^T [B_i] \{T\}^e dV - \iiint\limits_{R} \frac{1}{a} [N]^T \frac{\partial \theta}{\partial \tau} dV + \iiint\limits_{R} \frac{1}{a} [N]^T [N] \frac{\partial \{T\}^e}{\partial \tau} dV$$

$$- \iint\limits_{S} [N]^T \frac{\partial T}{\partial n} ds = 0 \quad i = 1, 2, \cdots, 8 \qquad (5\text{-}26)$$

式中

$$[B_i] = \begin{bmatrix} \dfrac{\partial N_1}{\partial x} & \dfrac{\partial N_2}{\partial x} & \cdots & \dfrac{\partial N_8}{\partial x} \\[2mm] \dfrac{\partial N_1}{\partial y} & \dfrac{\partial N_2}{\partial y} & \cdots & \dfrac{\partial N_8}{\partial y} \\[2mm] \dfrac{\partial N_1}{\partial z} & \dfrac{\partial N_2}{\partial z} & \cdots & \dfrac{\partial N_8}{\partial z} \end{bmatrix} \tag{5-27}$$

对所有单元求和,并计入边界条件,得到

$$\sum_e \left\{ \iiint_R [B_i]^T [B_i] \{T\}^e \mathrm{d}V + \frac{\beta}{\lambda} \iint_S [N]^T [N] \, \mathrm{d}s \right\} \{T\}^e + \sum_e \left\{ \iiint_R \frac{1}{a} [N]^T [N] \, \mathrm{d}V \right\} \frac{\partial \{T\}^e}{\partial \tau}$$
$$- \sum_e \left(\iiint_R \frac{1}{a} [N]^T \frac{\partial \theta}{\partial \tau} \mathrm{d}V \right) - \sum_e \left(\frac{\beta T_a}{\lambda} \iint_S [N]^T \mathrm{d}s \right) = 0 \tag{5-28}$$

令 $[H] = \sum_e [h]^e = \sum_e \left\{ \iiint_R [B_i]^T [B_i] \{T\}^e \mathrm{d}V + \frac{\beta}{\lambda} \iint_S [N]^T [N] \, \mathrm{d}s \right\}$,

$[C] = \sum_e [c]^e = \sum_e \left\{ \frac{1}{a} \iiint_R [N]^T [N] \, \mathrm{d}V \right\}$,

$\{P\} = \sum_e \left(\iiint_R \frac{1}{a} [N]^T \frac{\partial \theta}{\partial \tau} \mathrm{d}V + \frac{\beta T_a}{\lambda} \iint_S [N]^T \mathrm{d}s \right)$,

则式(5-28)变为

$$[H]\{T\} + [C] \frac{\partial \{T\}}{\partial \tau} = \{P\} \tag{5-29}$$

在时间域进行离散化,采用线性插值函数,在时间域 $0 \leqslant \tau \leqslant \Delta\tau$ 内,结点温度 $\{T\}$ 可表示为

$$\{T\} = [N_0(\tau) \quad N_1(\tau)] \begin{Bmatrix} \{T\}_0 \\ \{T\}_1 \end{Bmatrix} \tag{5-30}$$

式中:$N_0(\tau)$,$N_1(\tau)$ 为时间域内的形函数;$N_0(\tau) = 1 - \dfrac{\tau}{\Delta\tau}$,$N_1(\tau) = \dfrac{\tau}{\Delta\tau}$。

由于 $\dfrac{\partial N_0(\tau)}{\partial \tau} = -\dfrac{1}{\Delta\tau}$,$\dfrac{\partial N_1(\tau)}{\partial \tau} = \dfrac{1}{\Delta\tau}$,所以结点温度的时间导数为

$$\frac{\partial \{T\}}{\partial \tau} = \left[\frac{\partial N_0(\tau)}{\partial \tau} \quad \frac{\partial N_1(\tau)}{\partial \tau} \right] \begin{Bmatrix} \{T\}_0 \\ \{T\}_1 \end{Bmatrix} = \left[-\frac{1}{\Delta\tau} \quad \frac{1}{\Delta\tau} \right] \begin{Bmatrix} \{T\}_0 \\ \{T\}_1 \end{Bmatrix} \tag{5-31}$$

初始结点温度 $\{T\}_0$ 是已知的,待求的是 $\tau = \Delta\tau$ 时的结点温度 $\{T\}_1$,取时间

域权函数城 $W_1(\tau)=N_1(\tau)$，得

$$\int_0^{\Delta\tau} N_1(\tau)\left([H]\{T\}+[C]\frac{\partial\{T\}}{\partial\tau}-\{P\}\right)\mathrm{d}\tau=0 \qquad (5\text{-}32)$$

将式(5-30)和式(5-31)代入式(5-32)，得

$$\int_0^{\Delta\tau}\frac{\tau}{\Delta\tau}\left[[H]\begin{bmatrix}N_0(\tau)&N_1(\tau)\end{bmatrix}\begin{Bmatrix}\{T\}_0\\\{T\}_1\end{Bmatrix}+[C]\begin{bmatrix}-\dfrac{1}{\Delta\tau}&\dfrac{1}{\Delta\tau}\end{bmatrix}\begin{Bmatrix}\{T\}_0\\\{T\}_1\end{Bmatrix}-\{P\}\right]\mathrm{d}\tau$$
$$=0 \qquad (5\text{-}33)$$

对时间 τ 积分，化简得

$$\left(\frac{2}{3}[H]+\frac{1}{\Delta\tau}[C]\right)\{T\}_1+\left(\frac{1}{3}[H]-\frac{1}{\Delta\tau}[C]\right)\{T\}_0=\frac{2}{\Delta\tau}\int_0^{\Delta\tau}\frac{\tau}{\Delta\tau}\{P\}\mathrm{d}\tau \qquad (5\text{-}34)$$

同样，$\{P\}$ 表示为

$$\{P\}=\begin{bmatrix}N_0(\tau)&N_1(\tau)\end{bmatrix}\begin{Bmatrix}\{P\}_0\\\{P\}_1\end{Bmatrix} \qquad (5\text{-}35)$$

式中，$\{P\}_0$ 和 $\{P\}_1$ 分别表示 $\tau=0$ 和 $\tau=\Delta\tau$ 时刻的值，则

$$\frac{2}{\Delta\tau}\int_0^{\Delta\tau}\frac{\tau}{\Delta\tau}\{P\}d\tau=\frac{1}{3}\{P\}_0+\frac{2}{3}\{P\}_1 \qquad (5\text{-}36)$$

代入式(5-34)，得到求解非稳定温度场的方程如下

$$\left(\frac{2}{3}[H]+\frac{1}{\Delta\tau}[C]\right)\{T\}_1=\left(\frac{1}{3}\{P\}_0+\frac{2}{3}\{P\}_1\right)-\left(\frac{2}{3}[H]-\frac{1}{\Delta\tau}[C]\right)\{T\}_0 \qquad (5\text{-}37)$$

式中：$\{T\}_0=\{T(\tau_0)\}$；$\{T\}_1=\{T(\tau_0+\Delta\tau)\}$；$\{P\}_0=\{P(\tau_0)\}$；$\{P\}_1=\{P(\tau_0+\Delta\tau)\}$；$[H]=\sum_e\left\{\iiint_R[B_t]^T[B_t]\mathrm{d}V+\frac{\beta}{\lambda}\iint_S[N]^T[N]\mathrm{d}s\right\}$；$[C]=\sum_e\left\{\frac{1}{a}\iiint_R[N]^T[N]\mathrm{d}V\right\}$；$\{P\}=\sum_e\left\{\iiint_R\frac{1}{a}[N]^T\frac{\partial\theta}{\partial\tau}\mathrm{d}V+\frac{\beta T_a}{\lambda}\iint_S[N]^T\mathrm{d}s\right\}$。

当 $\tau_0=0$ 时，初始条件与边界条件可能不协调，因而在第一个 $\Delta\tau$ 时段内，不能使用加权余量法而应采用直接差分法。取

$$\frac{\partial T}{\partial \tau} = \frac{\{T\}_1 - \{T\}_0}{\Delta \tau} \tag{5-38}$$

代入式(5-29)得

$$[H]\{T\}_1 + [C]\frac{\{T_1 - T_0\}}{\Delta \tau} = \{P\}_1 \tag{5-39}$$

整理后得到：

$$\left([H] + \frac{[C]}{\Delta \tau}\right)\{T\}_1 = \{P\}_1 + \frac{[C]}{\Delta \tau}\{T\}_0 \tag{5-40}$$

5.4   冰生长与热力特性

在气象上通常把小于0℃的日平均气温累加值称为负积温,它反映了各地气候对某一自然过程所能提供的温度条件或热量资源总量,由于水库淡水冰的冰点为0℃,冰厚度的变化与负积温存在直接关系。冰的生长时期是从水库封冻直到最大冰厚。在此期间内冰厚度的增加与累积负积温有关。水库封冻后,随着气温下降,负积温的增加,冰层不断加厚。当负积温停止增加时,冰的厚度开始减小。

由于冬季气温总是上下波动,只有低于0℃的气温才可能使水发生冻结,这不仅仅表现为一瞬间,更重要的是在这一界限值时间的积累。因此,可通过水库现场记录的封库日期、开库日期与附近的气象站历史气象资料的统计,选取连续3 d日平均气温低于0℃开始计算累积冻冰度日(℃·d),计算到最大冰厚度为止,将本年的日平均气温的累计值(即小于等于0℃积温)作为该年的累积负积温。随着气温逐渐回升,冰逐渐融化消失。结冰后日平均气温在0℃以上的累积融冰度日,称为累积正积温。将日平均气温连续3 d高于0℃,第一天开始定义为融冰日。从融冰日开始到水库开库为止统计冰的累积正积温。随着累积日平均正气温不断增加,冰厚度逐渐减小。当累积日平均正气温达到一定值(50～150℃·d)时,冰盖消失[4]。

5.4.1   河冰一般形成过程

河冰是寒区水利工程的重要研究课题,其形成对水利枢纽及基础设施建设有较大影响。河冰根据冰体的生命周期一般分为冰体增长阶段、演化阶段、融解阶段[5]。

（1）冰体增长阶段——当入冬温度骤降至冰点，部分水体发生相变成冰晶，冰晶根据热力增长、二次成核及其聚集作用发展；在低流速区形成薄冰层，在高流速区形成移动薄冰、水内冰层等，而在特定部位还会形成锚冰及岸冰。其中锚冰是指附着于河渠底部的冰体；岸冰是指气温下降，初生在岸坡的冰体逐渐变成牢固的冰带，固定冰盖可能会在冬天一直保持（如图5-2所示）。

图 5-2　加拿大 North Saskatchewan 河段岸冰发展

（2）冰体演化阶段——初生冰体逐渐演化为冰盘及大的浮冰体（如图5-3所示）继而覆盖河道且岸冰进一步（横向）发展，进一步形成冰桥；所谓的冰桥就是由两边岸冰向河中心发展而连成的固定冰盖，一般认为冰桥是河道封冻的起点。冰

图 5-3　加拿大 North Saskatchewan 河段絮凝冰盘发展

盖前沿的水力学条件、上游来冰量及对冰盖体作用力(拖曳力、冰盖重力、河岸应力)的各因素的组合会使冰盖体以不同形式沿着河道纵向、横向、深度方向发展。在热力作用下,原来存在的冰盖孔隙会进一步冻结,同时冰盖下部水体会随着冬季气温过程影响而失热结冰,冰厚不断增长(深度发展)。在未封冻河段,水内冰及浮动冰体进一步产生,在进行输运过程中可能在下游稳定冰盖下发生冲刷或者堆积,导致冰塞的形成并逐步堆积使水位大幅度上升(纵向发展)。

(3) 冰体融解阶段——在初春或温度转为正值的时段,河水紊动作用加剧冰盖热力消退(文开河),其中太阳辐射也将引起冰盖内部融化及使冰结构完整性发生变化。在气温及太阳辐射的影响下,冰层产生热胀冷缩,会生成大量的裂缝,最为明显的是在开河时产生大型的横向裂缝(如图 5-4 所示);若在冰盖热力融解前流量突增将使冰盖破裂形成武开河,由于开河期间河道流量突增可能会发生壅水现象及产生流凌等次生灾害。在河冰从流凌到开河的演变过程中,冰盖与冰塞为河冰分析中的两个重要研究对象,随着气温稳定转负,冰体起初较易形成于河道弯曲的凸岸,水库的回水末端和河流纵断面由急变缓等位置会形成冰桥。充足的冰花、浮冰及固定岸冰,这是形成冰盖的物质条件。冰桥前缘处流速若满足一定临界条件会导致来流的冰体并置向上游发展成平封冰盖,若水流强度较大则会在冰桥底部形成(增生型冰盖)水力增厚冰塞;当并置发展及水力增厚不断进行,作用在冰盖体的作用力增长至内冰强度时则会发生挤压增厚变形,便会形成机械增厚冰塞(丘状冰盖),冰盖孔隙凝结会进一步增加其强度,若冰积累到一定厚度并引起河水位不断上升而形成封河冰塞,随后的冰厚增长会在上下表面同时发展,

图 5-4　加拿大 Mackenzie 河段开河横向裂缝发展

若不存在雪盖的阻隔只会从冰盖下面增长,若有雪盖,冰盖会下沉引起承压水从孔隙上升并进一步冷却成冰。

5.4.2 河冰分类

5.4.2.1 河冰分类模型

Turcotte 和 Morse 通过对不同区域及不同河流的冰情研究提出以冬季强度、河道类型、河流尺寸三维坐标对河冰类型及河冰过程给出为两者定性的分类标准,其中河冰类型分为冰壳、悬冰盖、浮动冰盖、固定冰盖、坚冰体;河冰过程分为水内冰、锚冰、悬冰坝、冰坝、积冰层及冰塞。冬季强度以累计冻结度为衡量指标,河道类型按纵坡大小,河流尺寸按造床流量对应宽度。该模型可以用于初步确定本区域可能发生的冰凌情况。

5.4.2.2 冰盖分类

冰盖(Ice cover)指一般水体表面由各形式冰体组成大范围的冰面,相对光滑连续的称为平封冰层(Ice sheet)。

1) 按冰盖运动形式分类

(1) 静态冰盖——常形成于流速范围在 0.3 m/s 以下的河道中,沿着水冰界面生长,主要受热力影响。一般厚度较大的静冰盖也称为坚冰盖。

(2) 动态冰盖——由冰块相互并置、水力增厚以及机械增厚产生。主要受风力、水力作用及和冰粒相互作用控制,由表面流冰组成。而表面流冰则由雪冰和浮冰块、水内冰聚集而成。一般也称为浮动冰盖。

2) 按冰盖加厚类型分类

可分为均匀加厚冰盖与非均匀增厚冰盖。

5.4.2.3 冰塞分类

冰塞(Ice jam)是指当不均匀冰盖发展到一定程度时流冰不断堆积演变成冰塞体,主要受流量、渠道宽度和坡度、水温及热交换、冰的强度、开河期冰盖强度与厚度等因素影响。

1) 根据冰塞发生机理区分

(1) 宽河冰塞(机械增厚冰塞)——冰盖纵向受力不平衡(作用力大于冰体本身强度)而发生挤推增厚的冰塞体,宽指的是冰盖有较大跨度及厚度将作用力传递至河岸。若纵向受力再一次平衡此时成为平衡冰塞,若冰盖能以平衡冰塞厚度一直向上游发展则称为冰盖的平封上溯发展,图 5-5 为加拿大 Montmorency 河流冰盖平封上溯一天前后的区别。Pariset 等最早提出静冰坝理论(平衡冰塞理论),为冰塞研究发展做出了重要的贡献。

图 5-5　加拿大 Montmorency 河流冰盖平封上溯过程

(2) 窄河冰塞(水力增厚冰塞)——当冰体遇到障碍物或者冰盖体发生下潜时形成窄河冰塞(如图 5-6 所示),其主要受水流条件、上游来冰量及冰盖前缘潜入的冰块能否沉积于冰塞底部控制,也可以称为挤压型冰塞;一般假定窄河冰塞厚度由其前缘水力条件决定,作用力暂不需要考虑,其研究方法类似于泥沙启动方面的研究。

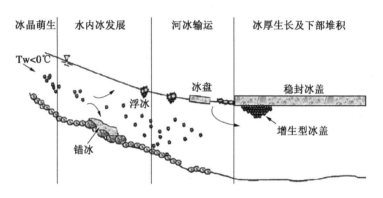

图 5-6　窄河冰塞形成过程

此类型冰塞往往需要研究水内冰或冰盘在已生冰盖下部的运输及沉积规律,当冰盖下部堆积体达到一定体积且较大程度影响过流能力时,形成为悬冰坝(Hanging dam)。因此窄河冰塞也可以称为增生型冰塞。

2) 根据冰塞形成季节区分

可分为封河冰塞、仲冬期冰塞、开河冰塞,其中封河冰塞一般物质组成为水内冰,开河冰塞一般也称为开河冰坝(Ice dam),其物质组成主要是碎冰块。

3）根据动冰盖及冰塞发展模式区分

可分为冰桥、平封上溯冰盖、翻转浮冰、挤压冰盖、冰盖下浮冰输运冰块。

5.4.3 冰盖发展模式判别

在上游来冰量充足的情况下,河冰工程上一般采用 Froude 数对冰盖发展类型进行分类:

1）当 Froude 数小于第一临界 Froude 数,冰盖将以平衡冰塞厚度为始进行平铺上溯(平封)形式发展。

2）当 Froude 数大于第一临界 Froude 数但小于第二临界 Froude 数,冰盖以机械增厚或水力增厚形式(立封)发展。

3）当 Froude 数大于第二临界 Froude 数,冰盖不向上游发展、上游来冰会在冰盖下输运至下游。

第一临界 Froude 数可以根据 Bernoulli 方程及不溢出条件结合连续方程推导得出,为式(5-41)

$$Fr_{cr1} = \left(\frac{H - t_e}{H}\right)\sqrt{2\left(1 - \frac{\rho_{ice}}{\rho_w}\right)(1 - e_p)\frac{t_e}{H}} \qquad (5-41)$$

式中:H(m)为冰盖前沿水深;e_p 为浮冰孔隙率;ρ_{ice}、ρ_w(kg/m³)为冰、水密度;t_e(m)为浮冰块厚度。

按第一临界 Froude 数表达式,当取冰厚为前缘水深 1/3 时可以得出第二临界 Froude,即

$$Fr_{cr2} = 0.158\sqrt{1 - e_c} \qquad (5-42)$$

按理论公式计算的临界 Froude 数有一定偏差,需要经过现场观测进行选取。一般情况下 $Fr_{cr1} = 0.05 \sim 0.06$、$Fr_{cr2} = 0.09$。人工修建的冬季输水渠系应控制沿线流量与 Froude 数以满足静态冰盖或按平衡冰塞厚度进行平封上溯的需求。

5.4.4 河冰物理过程及河冰模型

河冰发展过程牵涉的物理问题较多,一方面河冰的形成受环境温度场、气流、水流影响且与水中杂质、自身内应力有关,河冰的产生也对周边热环境及水流运动产生较大影响。另一方面,由于河冰种类较多,冰晶、冰花、冰盖演变过程中冰体研究尺度不断发生改变;由岸冰横向发展、纵向冰厚堆积、冰厚沿水深方向加厚

的这些过程当中均不能用单一物理规律去衡量。河冰内存在较多孔隙及湿裂缝，本构关系与其晶体结构有关，冰体与构筑物的聚冰作用机理也较为复杂。因此河冰过程为复杂多场多相多尺度的物理过程[4]。

常规的河冰研究按河冰水力学、河冰热力学及河冰力学进行单一物理场或多个物理场进行分析。

河冰水力学，着重研究冰体动态形成过程中对河道流态、水位、输沙过程等影响，目前主要用含冰体阻力的非恒定流 St-Venant 方程组进行模拟或含水内冰的多相流体力学(CFD)进行分析。河冰的阻力研究为河冰水力学研究的重点，具体可参看以陈刚等[5]和魏良琰[6]的综述。

河冰热力学，主要分析开敞水面水温模拟，河冰形成或融化的相变传热过程、冻土河床体与水体热交换。其中河冰形成的相变传热根据尺度不同，可分为粒状冰热力学及冰盖热力学，粒状冰的热力生长与水流紊动、粒间絮凝及二次成核有关，冰盖热力学主要根据逐项热收支平衡法进行计算[7]或采用冻结度-日法[8,9]。

河冰力学，一般分为河冰静力学、河冰动力学；河冰静力学主要研究冰体本构关系、冰体的承载力及作用力，主要采用连续介质分析法；河冰动力学主要研究冰块运动堆积或冰塞变形的过程，主要采用离散元、粒子流的分析方法。

河冰模型一般是指河冰过程中各物理场综合起来分析的模型，按河冰空间变化分为一维、二维和三维模型；按模拟河冰运动状态分为：水内冰模型、冰盖(盖移层)模型、全河冰模型；河冰模型一般含有热力学、河冰动力学、河冰输运及水力学模块。

目前较为综合的二维河冰模型有 CRISSP-2D 模型和 MIKE 11 模型，前者主要根据 RICE 模型[10]改进而成，两者均可以对冰塞冰厚发展、水位流量、水温冰温等进行模拟，但两类模型需要初始参数较多且仍沿用较多的经验式，未能对静冰压力等要素进行求解。

5.4.5　河冰力学指标及河冰流变本构

(1) 河冰的力学性能研究

河冰力学性能一般可以通过悬臂梁、三点简支梁、平面变形法、单轴及三轴拉压等实验进行测定。国内外学者对不同冰类型进行各类影响因素的冰力试验。

国外学者较早关注冰力学并对冰体进行各类力学试验，Monfore[11]根据不同初始冰温(在 −34.4℃、−23.3℃、−12.2℃)分别以温升速率为 1.1℃/h、2.8℃/h、

5.6℃/h、8.3℃/h 进行粒状冰冰压力试验；各组试验中实测最大冰压力约为 1.86 MPa，但该试验未考量冰的晶体结构及其归类。Frederking[12] 对 S2 型柱状冰进行不同应变速率的单轴压缩及双轴压缩试验，试验结果表明在应变速率 10^{-7} s^{-1} 及 10^{-4} s^{-1} 范围内 S2 型柱状冰的双轴实验强度约为单轴观测值的 2.3～4.7 倍。Michel[13] 针对多晶冰进行强度试验，试验结果表现出 S2 型柱状冰的横观各向同性的力学性能，在忽略冰温影响下柱状冰同性面弹性模量约为 9.27 GPa，晶体长轴弹性模量约为 9.62 GPa，并根据 18 组悬臂梁实验给出 S2 型冰体的抗拉强度为 0.5 MPa。Timco 和 Frederking[14] 通过各类实验对比得出淡水冰的抗弯强度在悬臂梁实验中均值为 770 kPa，在简支梁上侧受拉的情况下为 2 200 kPa，在简支梁下侧受拉情况下为 1 770 kPa；淡水冰单轴压缩强度为 4.4 MPa，抗剪强度为 500 kPa。Sinha[15] 对柱状冰进行常应变速率及常应力试验，指出常应变速率试验中的应变速率为名义应变速率，而如何建立冰体实际应变速率与强度的关系才是关键；其通过回归分析给出屈服应力、屈服应变两者与应变速率的关系并进行了归一化处理，同时给出柱状冰只有在应变速率大于 1.1×10^{-3} s^{-1} 且应力速率大于 10.5 MPa/s 的情况下才会显现出纯弹性力学性能。Sinha[16] 根据多年海冰及初生海冰的单轴强度试验给出柱状冰的极限冰压力与极限应变呈幂律的关系。

在国内，沈乐天和赵士达[17] 进行了不同温度及应变率的 S1 柱状冰的单轴压缩试验，指出极限压缩强度在应变率为 10^{-4} s^{-1} 的试验工况下有最大值，提出试验研究范围对应的强度可以应用于浮冰与水上构筑物的撞击问题研究。张小鹏等[18] 对冰体与混凝土坝面间的冻结强度进行试验，试验结果表明界面单次冻结强度均值为 1.15 MPa，而多次冻结强度基本相同，其最大冻结强度为 1.02 MPa，冰晶间冻结强度为 0.5 MPa。李志军等[19] 根据渤海海冰性质以 1:10～1:30 的尺寸比尺建立了 DUT-1 合成冰模型，通过数百组弯曲试验给出其弯曲强度约为 35～65 kPa，平均弹性模量为 53 MPa，并指出湿密度为峰值弯曲强度的一个重要影响因素。于天来等[20] 以黑龙江呼玛河河冰实验为基础，研究了河冰各类力学指标与冰温及应变速率的关系，并与松花江河冰、黄河口河冰等对比分析，指出其给出的力学回归关系有一定适用性。张丽敏等[21] 通过人工淡水冰单轴压缩实验分析了极限冰压力与不同应变速率的关系，并给出韧性-脆性区转变对应的应变率范围为 1×10^{-5}～3×10^{-3} s^{-1}。韩红卫等[22] 研究了恒定加载速度下不同温度及围压工况下的柱状冰常规三轴压缩试验，试验结果表明淡水柱状冰的主要破坏形式为剪切破坏及延性破坏,并给出不同冰温下的内摩擦角及黏聚力的量值。在河冰力学参数选取问题上,Petrovic[23]系统总结了冰体力学性能随温度、应变速率、冰晶颗粒尺寸的变化,提出冰弹性模量范围为 9.7～11.2 GPa,泊松比为 0.29～0.32,抗拉强度为 0.7～3.1 MPa,在 -10～20℃ 范围内平均值为 1.43 MPa,在同样的温度范围内冰体抗压强度范围为 5～25 MPa,两者均随温度升高而减少;冰体抗压强度在 -10℃ 时随应变速率增大而增大,抗拉强度受应变速率变化影响不大;冰体抗拉强度随冰晶粒径增大而减少;冰体断裂韧性一般为 50～150 kPa • $m^{1/2}$。

(2) 河冰流变本构模型

Michel 和 Ramseier[24]根据冰晶的尺寸形状、晶轴取向及环境影响因素将冰体分为初生冰、次生冰及重叠冰,冰晶颗粒尺寸一般在 1～20 mm。次生冰体往往形成于平行于热流的方向,根据其不同的晶轴取向分为 S1—S4 型,而重叠冰分为 T1—T 型,为分析不同冰晶的受力特性及差异提供分类依据。河冰受力后表现出较强流变特性,流变本构研究手段有耗散热力学与晶体力学理论分析、流变元件组合与室内实验相结合、细观冰力学与细观力学数值模拟等方式。不同的流变元件组合的冰体流变模型能较好地解释、反映冰晶位错、塑性流动及自扩散等细观力学行为且兼容冰体宏观力学行为。河冰流变模型经历了线性流变模型、非线性流变模型以及复杂元件组合模型(如开裂元件、剪切元件等)。Glen[25]最早将蠕变理论引入冰力学中,为研究多晶冰流变力学的先驱,他通过常应力试验观测到最小蠕变速率与非线性应力之间满足 Norton 型蠕变关系,而所谓的最小蠕变速率指的是从蠕变的第一阶段进入到蠕变加速阶段的临界值。Glen 提出的稳定蠕变阶段的冰体流变力学模型与一般的位错理论所兼容。Drouin 和 Michel[26]对 T1、S1 和 S2 型冰体进行蠕变试验并通过理论分析,提出蠕变速率取决于黏性变形项。Bergdahl[27]提出了蠕变三参数河冰本构对冰盖受力进行研究,但模型主要根据 S1 型冰体单轴试验给出,没有考虑其他冰类的应用需要且缺乏考量冰晶缺陷素等因素。Cox[28]沿用 Bergdahl 模型进行冰压力的计算,建议冰体有效弹性模量取为 4 GPa,且指出使用 Arrhenius 方程去描述温度关联的蠕变速率时,在冰点以下较低范围可能会失效,建议采用别式来描述黏性单元的黏滞系数。Sinha[29]根据 S2 型柱状冰蠕变试验观察并初步考虑了冰晶体边界滑移的性质,引入冰体延迟弹性单元,提出了形式如非线性的 Burger 模型的冰体黏弹-蠕变本构关系;随后 Sinha 利用该本构模型做了较多冰体力学分析及扩展[30-32],

Sinha 模型为较准确描述河冰宏观流变力学特性的模型。由于 Sinha 模型的延迟弹性在数值上难以实现,故有学者建议在数值模拟计算上忽略该项的影响[33]。Zhan 等[34]进一步将 Sinha 模型发展为三维应力-应变的形式,且考虑海冰的特性修正并扩展于海冰问题中。Derradji-Aouat 等[35]在 Sinha 模型基础上引入了开裂本构关系,该模型考虑冰体应变的 4 项组成,包括横观各向同性的弹性应变、塑性应变、黏弹性应变及根据冰体断裂能及裂纹发展的开裂应变,该方法能较好地模拟冰体从韧性到脆性、裂纹开裂破坏的应变范围。

值得注意的是,Glen、Bergdal、Cox 等模型均可以看做非线性的 Maxwell 模型,但该类模型只考虑了冰体蠕变的稳定阶段,没有考虑初始蠕变衰减及加速蠕变的阶段。由于能用较少的参数较为接近模型冰体的蠕变变形及应力松弛的效应,在河冰工程应用较为广泛。在 Sinha 模型基础上发展的模型能较为真实模拟冰体的受力状态,有较强的研究意义。

参考文献

[1] 朱伯芳.有限单元法原理与应用[M].4 版.北京:中国水利水电出版社,2018.

[2] YU T T, GONG Z W. Numerical simulation of temperature field in heterogeneous material with the XFEM[J]. Archives of Civil and Mechanical Engineering, 2013, 13(2): 199-208.

[3] 吴永礼.计算固体力学方法[M].4 版.北京:科学出版社,2003.

[4] 朱景胜.考虑温升及水压作用的冬季输水渠道冰盖的热力耦合分析[D].杨凌:西北农林科技大学,2019.

[5] 陈刚,张玉蓉,浦承松,等.冰封河道综合糙率计算方法比较与分析[J].水科学进展,2018,29(5):645-654.

[6] 魏良琰.封冻河流阻力研究现况[J].武汉大学学报(工学版),2002,35(1):1-9.

[7] ASHTON G D. River and lake ice thickening, thinning, and snow ice formation[J]. Cold Regions Science & Technology, 2011,68(1/2): 3-19.

[8] 练继建,赵新.静动水冰厚生长消融全过程的辐射冰冻度-日法预测研究[J].水利学报, 2011,42(11):1261-1267.

[9] SHEN H T, YAPA P D. A unified degree-day method for river ice cover thickness simulation[J]. Canadian Journal of Civil Engineering, 1985, 12(1): 54-62.

[10] SHEN H T. Mathematical modeling of river ice processes[J]. Cold Regions Science & Technology, 2010, 62(1):3-13.

[11] MONFORE G E. Ice pressure against dams: A Symposium: Experimental investigations

by the Bureau of Reclamation[J]. Proceedings of the American Society of Civil Engineers, 1954, 78(12):1-13.

[12] FREDERKING R. Plane-Strain Compressive strength of columnar-grained and granular-snow ice[J]. Journal of Glaciology, 1977, 18(80): 505-516.

[13] MICHEL B. The strength of polycrystalline ice[J]. Canadian Journal of Civil Engineering, 1978, 5(3): 285-300.

[14] TIMCO G W, FREDERKING R. Comparative strengths of fresh water ice[J]. Cold Regions Science & Technology, 1982, 6(1): 21-27.

[15] SINHA N K. Constant strain and stress-rate compressive strength of columnar-grained ice [J]. Journal of Materials Science, 1982, 17(3): 785-802.

[16] SINHA N K. Uniaxial compressive strength of first-year and multi-year sea ice[J]. Canadian Journal of Civil Engineering, 1984, 11(1):82-91.

[17] 沈乐天,赵士达,卢锡年,等.天然淡水冰单轴压缩强度及其温度和应变率效应[J].冰川冻土,1990,12(4):141-146.

[18] 张小鹏,李洪升,李光伟.冰与混凝土坝坡间的冻结强度模拟试验[J].大连理工大学学报,1993(4):385-389.

[19] 李志军,王永学,李广伟.DUT-1合成模型冰的弯曲强度和弹性模量实验分析[J].水科学进展,2002,13(3):292-297.

[20] 于天来,袁正国,黄美兰.河冰力学性能试验研究[J].辽宁工程技术大学学报(自然科学版),2009,28(6):937-940.

[21] 张丽敏,李志军,贾青,等.人工淡水冰单轴压缩强度试验研究[J].水利学报,2009,40(11):1392-1396.

[22] 韩红卫,解飞,汪恩良,等.河冰三轴压缩强度特性及破坏准则试验研究[J].水利学报,2018,49(10):1199-1206.

[23] PETROVIC J J. Review mechanical properties of ice and snow[J]. Journal of materials science, 2003,38(1): 1-6.

[24] MICHEL B, RAMSEIER R O. Classification of river and lake ice[J]. Canadian Geotechnical Journal, 1971, 8(1):36-45.

[25] GLEN J W. The creep of polycrystalline ice[J]. Proceedings of the Royal Society A Mathematical Physical and Engineering Sciences, 1955, 228(1175): 519-538.

[26] DROUIN M, MICHEL B. Pressure of thermal origin exerted by ice sheets upon hydraulic structures[R]. US government Scientific and Technical Report of 1974.

[27] BERGDAHL L. Thermal ice pressure in lake ice covers[D].Gothenburg : Chalmers University of Techology, 1978.

[28] Cox G F N. A preliminary investigation of thermal ice pressures[J]. Cold Regions Science & Technology, 1984, 9(3): 221-229.

[29] SINHA N K. Rheology of columnar-grained ice[J]. Experimental Mechanics, 1978, 18(12): 464-470.

[30] SINHA N K. Creep model of ice for monotonically increasing stress[J]. Cold Regions Science and Technology, 1983, 8(1): 25-33.

[31] SINHA N K, CAI B. Elasto-Delayed-Elastic simulation of short-term deflection of fresh-water ice covers[J]. Cold Regions Science & Technology, 1996, 24(2): 221-235.

[32] SINHA N K, EHRHART P, CARSTANJEN H D, et al. Grain boundary sliding inpolycrystalline materials[J]. Philosophical Magazine A, 1979, 40(6): 825-842.

[33] PETRICH C, SAETHER I, FRANSSON L, et al. Time-dependent spatial distribution of thermal stresses in the ice cover of a small reservoir[J]. Cold Regions Science and Technology, 2015, 120: 35-44.

[34] ZHAN C, EVGIN E, SINHA N K. A three dimensional anisotropic constitutive model for ductile behaviourof columnar grained ice[J]. Cold regions science and technology, 1994, 22(3): 269-284.

[35] DERRADJI-AOUAT A, SINHA N K, EVGIN E. Mathematical modelling of monotonic and cyclic behaviourof fresh water columnar grained S-2 ice[J]. Cold Regions Science & Technology, 2000,31(1): 59-81.

6 冰推力的计算原理与方法

　　北方水库冬季水面结冰,形成冰盖层,当气温回升,冰盖层膨胀,受到大坝的约束,产生了施加到大坝上的冰推力。当冰盖层与大坝间处于静止状态时,冻结力等于冰推力。气温继续回升,当冰推力增加到大于冻结力时,冰盖与大坝的冻结联系发生破坏,即界面间的冰冻结层被剪断,即产生了冰盖爬坡运动。

　　冰压力包括两种:静冰压力和动冰压力。静冰压力是指在冰的生成过程中及冻结后,或冰层在受热升温体积膨胀受约束时,冰和冰盖对结构的挤压破坏作用力;动冰压力是冰层解冻破裂成块后,在水流或风力作用下对结构的冲击、摩擦作用力。冰层具有固态物体热胀冷缩的物理性质,每当气温回升时,冰层的膨胀受到冰层与护坡间冻结的约束,此时冰层对护坡作用以静冰压力,护坡对冰层作用以冻结力。因为水库冰层升温膨胀时可以产生很大的推力,所以冰对大坝和护坡的破坏作用主要是静冰压力产生的推力作用。静冰压力,亦称冰层膨胀压力,它是寒冷地区水工建筑物的一种特殊荷载。调查表明,冬季水位变动较大的水库不会有多大的静冰压力,冰压力也不会影响高坝坝体的稳定。但是,对于低坝和轻型结构物,冰压力对其稳定性的作用却是不可忽视的。关于静冰压力的研究,半个多世纪以来国外学者提出了各种计算方法或图表[1-3],有关国家的设计规范中也列有冰压力计算或设计取值。这些计算方法尽管有所不同,但都是把冰层视作刚性连续体,并主要依据室内小试件的试验结果或弹塑性理论推导而提出的。

　　事实上,冰层并非整体连续的,冰层不但有大量裂缝,而且纵横交错。同时,天然冰层膨胀压力的大小,在很大程度上与水库的大小、形状,以及冰层膨胀约束条件等有关。因此,用这些公式计算的结果,与实测值往往差别较大。20世纪70年代以来,中国科学院兰州冰川冻土研究所和水利、交通等有关部门开展了关于静冰压力的研究。影响静冰压力的因素有冰温、温升率持续时间、日照和雪覆盖、冰场条件、对冰层的约束条件等。

6.1 冰厚度极值估计

6.1.1 按《水工建筑物抗冰冻设计规范》(GB/T 50662—2011)取值

水库冰厚可按下式计算[4]:

$$h_i = \varphi_i \sqrt{I_m} \tag{6-1}$$

式中：h_i 为水库冰厚(m)；φ_i 为冰厚系数,可取 0.022~0.026(严寒地区宜取大值)；I_m 为历年最大冻结指数($\text{℃} \cdot \text{d}$)。

6.1.2 理想条件下的冻冰度日方法

将斯蒂芬模型公式简化,可得理想条件下的的冻冰度日方法,即[5]

$$h = a \sqrt{I} \tag{6-2}$$

且

$$a = \sqrt{\frac{2\lambda_i}{\rho_i L}}, \quad I = \int_0^{te} (T_f - T_a) \mathrm{d}t \tag{6-3}$$

式中：h 为冰厚；ρ_i 为冰密度, L 为相变潜热, λ_i 是冰热传导系数, T_a 是气温, T_f 是底面温度。

6.1.3 经验公式分析

前人经过研究提出过计算冰厚的经验公式为[6]

$$h = a \sqrt{I} \tag{6-4}$$

式中：h 为冰厚；I 为冻冰度日；a 为不同条件下的经验值。

冰盖形成初期,增厚较快, a 值较小；冰盖形成后期, a 值较大；有积雪覆盖, a 值较小；无积雪覆盖, a 值较大。无雪覆盖、有风吹的湖冰冰盖时 $a = 2.7$ cm/($\text{℃} \cdot \text{d}$),无雪覆盖的湖冰冰盖时 $a = 1.7 \sim 2.4$ cm/($\text{℃} \cdot \text{d}$),有雪覆盖的湖冰冰盖时 $a = 1.4 \sim 1.7$ cm/($\text{℃} \cdot \text{d}$)。

6.1.4　修正的冻冰度日方法

冰系统特征参数 a 在许多条件下并不是常数,它是一个与温度有关的变量 $a(T)$,因此理想条件下的冻冰度日方法公式修正为

$$h = a(T)\sqrt{I} \tag{6-5}$$

式中:h 为冰厚;I 为冻冰度日。

将不同温度下的冰生长曲线拟合,可以得到不同温度下的 a 值,然后再将 a 值与温度拟合,就可以得到 a 与温度的关系。

王川[6]研究表明:理想冻冰度日法计算得到的冰厚值与实际值相差大,修正冻冰度日法计算得到的冰厚值与实际值接近。

当冰盖层很薄时,在温度应力作用下冰盖可能产生屈曲破坏,对大坝产生的冰压力很小,不会使护坡破坏。随着温度的降低,冰盖层的厚度增加,冰与大坝间的冻结力也加大,则对大坝会产生较大的冰压力作用,冰盖层产生屈曲破坏的临界厚度可按下式计算[7]

$$h_c = \frac{\sigma_c^2(1-\upsilon^2)}{0.59\rho_w gE} \tag{6-6}$$

式中:h_c 为冰盖层产生屈曲破坏的临界厚度(m);σ_c 为冰的压缩强度(MPa);E 为冰弹性模量(MPa);υ 为冰的泊松比;ρ_w 为水的密度(kN/m³)。

6.2　冰推力经验估计方法

静冰压力值取决于当日早晨初始温度、温升幅度、温升速度、温升持续时间、库面长度。根据实验[8],在其他条件相同时,密实冰体开始升温时的冰温越低,静冰压力越大;温升幅度越大,温升速度越快,静冰压力越大;温升持续时间越长,静冰压力越大。当冰温升高到 -2.0~-1.5℃ 后,尽管冰温持续升高,静冰压力不增反而减小;库面越长,静冰压力越大。由于影响冰压力的因素较多,不可能完全正确地确定静冰压力。利用室内试验所得的静冰应力应变关系建立计算公式,不失为一种方法。目前国内外用于计算静冰压力的方法和公式很多,各有其优缺点。

6.2.1　水电部东北院科研所提出的冰层平均静冰压力公式

影响冰层温度的主要因素是气温、日照和雪覆盖.根据现场观测资料,冰温和

气温的变化过程具有相同的规律。分析了起始冰温、温升率和升温持续时间、日照和雪斑盖、冰层约束条件及其他因素对冰压力的影响,水电部东北勘测设计院科学研究所提出了如下的冰层膨胀压力计算方法[9]

$$P = KK_s C_h \frac{(3-t_a)^{\frac{1}{2}} \Delta t_a^{\frac{1}{3}}}{(-t_a)^{\frac{3}{4}}} (T^{0.26} - 0.6) \qquad (6-7)$$

式中:P 为冰层平均静冰压力(kPa);K 为综合影响系数,一般取 $K=4 \sim 5$,大型水库和库面大的取大值,山区水库取小值,小型水库可取 $K=3.5 \sim 4$;K_s 为积雪影响系数,一般取无雪情况 $K_s=1.0$;t_a 为气温起始值(早 8 时,℃),一般情况下 t_a 不高于 $-10℃$;Δt_a 为早 8 时至 14 时气温升高增值℃,连日升温天气可取第一天早 8 时至第二天(或第三天)14 时的气温增值,最高气温取值不高于摄氏零度;T 为与 Δt_a 相应的升温持续时间为 h,一般天气取 $T=6h$,连续升温天气取 $T=30h$,积雪较厚时可取三天的连日升温 $T=54h$;C_h 为与冰厚有关的变换系数(见表 6-1)。

表 6-1　C_h 系数表

冰厚(m)	0.4	0.6	0.8	1.0	1.2
C_h	0.383	0.305	0.269	0.247	0.231

从以上分析可见,在起始温度、升温增值、升温持续时间取作定值和不考虑雪覆盖的条件下,按式(6-7)计算冰压力时,其大小将取决于冰厚、与冰厚有关的换算系数和综合影响系数 K。K 值主要受库面大小和约束程度的影响,从已有观测结果看,它在 3.5~5 之间。如果将式(6-7)中的冰压力以单位长度的总冰压力表示,则可建立总冰压力与冰厚的关系

$$P = 13.73 K h C_h m_t \qquad (6-8)$$

式中:P 为冰压力(t/m);h 为冰厚(m);K 为综合影响系数;C_h 为与冰厚有关的系数;m_t 为时间系数,一般天气取 1.0,两天升温天气取 1.82。

该计算方法已列入《混凝土拱坝设计规范》(SL 282—2018),可供设计参考。

6.2.2　按设计规范取值

由于式(6-7)中参数需通过观测和调查取得,给设计带来不便。《水工建筑物抗冰冻设计规范》(GB/T 50662—2011)[4]中静冰压力的取值在原计算方法的基

础上,对上述水库的气温、冰温、冰厚和冰压力关系进一步分析,综合提出了静冰压力水平方向作用于坝面或其他宽长建筑物上,按冰厚确定的静冰压力的取值。冰层升温膨胀时水平方向作用于坝面或其他宽长建筑物上的静冰压力值可按表6-2查得。

表6-2　静冰压力值

冰厚(m)	0.4	0.6	0.8	1.0	1.2
静冰压力(kN/m)	85	180	215	245	280

表6-2中冰压力值对库面狭小的水库和库面开阔的大型平原水库应分别乘以0.87和1.25的系数;冰厚取多年平均最大值;表中所列冰压力值系水库在结冰期内水位基本不变情况下的压力,在此期间水位变动情况下的冰压力应作专门研究;表中静冰压力值可按冰厚内插。静冰压力作用点应取冰面以下冰厚1/3处。

《水工建筑物抗冰冻设计规范》(GB/T 50662—2011)给出作用在独立墩柱上的静冰压力可按下式计算

$$F_i = m f_{ib} B h_i \tag{6-9}$$

式中:F_i 为冰块契入三角形墩柱时的动冰压力(MN);m 为墩柱前缘的平面形状系数,可由表6-3查得;f_{ib} 为冰的抗挤压强度(MPa),宜根据建筑物和冰温等具体条件确定;B 为墩柱在冰作用高程上的前沿宽度(m);h_i 为水库冰厚(m)。

表6-3　形状系数 m 值

平面形状	三角形夹角 $2\gamma(°)$					矩形	多边形或圆形
	45	60	75	90	120		
m	0.54	0.59	0.64	0.69	0.77	1.00	0.90

《水工建筑物抗冰冻设计规范》(GB/T 50662—2011)给出大冰块运动作用在铅直的坝面或其他宽长建筑物上的动冰压力,可按下式计算

$$F_i = 0.07 \upsilon h_i \sqrt{A f_{ic}} \tag{6-10}$$

式中:F_i 为冰块撞击建筑物时产生的动冰压力(MN);υ 为冰块运动速度(m/s),宜按现场观测资料确定,无现场观测资料时,对于河(渠)冰可取水流速度;对于水库冰可取历年冰块运动期最大风速的3%,但不宜大于0.6 m/s;对于过冰建筑物可取建筑物前水流行进流速;h_i 为流冰厚度(m),可取最大冰厚的70%~80%,

流冰初期取大值;A 为冰块面积(m^2),由现场观测或调查确定;f_{ic} 为冰的抗压强度(MPa),宜根据流冰条件和试验确定。无试验资料时,宜根据已有工程经验和下列抗压强度值综合确定:对于水库流冰期可取 0.3 MPa;对于河流流冰初期可取 0.45 MPa,流冰后期高水位时可取 0.3 MPa。

《水工建筑物抗冰冻设计规范》(GB/T 50662—2011)给出作用于前缘为铅直面的三角形墩柱上的动冰压力,可分别按下列公式计算,并取其中的小值

$$F_{i1} = m f_{ib} B h_i \tag{6-11}$$

$$F_{i2} = 0.04 \upsilon h_i \sqrt{m A f_{ic} \mathrm{tg}\gamma} \tag{6-12}$$

式中:F_{i1} 为冰块契入三角形墩柱时的动冰压力(MN);F_{i2} 为冰块撞击三角形墩柱时的动冰压力(MN);f_{ib} 为冰的抗挤压强度(MPa),宜根据流冰条件和试验确定,无试验资料时,宜根据已有工程经验和下列抗压强度值综合确定,流冰初期可取 0.75 MPa,后期可取 0.45 MPa;B 为墩柱在冰作用高程上的前沿宽度(m);γ 为三角形夹角的一半(°)。

《水工建筑物抗冰冻设计规范》(GB/T 50662—2011)给出作用于前缘为铅直面的非三角形独立墩上的动冰压力,可按式(6-10)计算。

《水工设计手册 4——土石坝》给出当冰的运动方向与坝体正面的夹角 $\beta <$ 80°时,动冰压力的计算公式为[10]

$$T = c_b \upsilon h^2 \sqrt{\frac{A_b}{\psi A_b + \lambda h^2}} \cdot \sin\beta \tag{6-13}$$

式中:T 为冰块撞击时产生的动冰压力(kN);υ 是冰块运动速度(m/s),对于较大的水库它的值等于被风吹动的冰的流动速度,对于中小水库它的值应在水文气象情势分析的基础上考虑水库的轮廓加以确定,但不大于 0.6 m/s;A_b 是冰块面积(m^2),可以通过参考类似工程资料或者观测来确定;c_b 是系数,等于 1 360 s·kN/m^3;λ 是与流冰的极限抗碎强度值 R_b 有关的系数,可以由表 6-4 查得;ψ 是系数,由 β 而定,可以由表 6-5 查得;h 为水库流冰厚度(m)。

表 6-4　计算动冰压力时 R_b 和 λ 的值

R_b (kN/m^2)	450	750	1 000	1 250	1 500
λ	2 220	1 310	1 000	800	667

注:极限抗碎强度值 R_b 为其他值时,λ 的值可以通过内插得到。

表 6-5 计算动冰压力时 ψ 的值

$\beta(°)$	20	30	45	55	60	65	70	75
ψ	6.7	2.3	0.5	0.16	0.08	0.04	0.016	0.005

注：β 是冰的运动方向与坝体正面的夹角。

6.2.3 依据气象资料的静冰压力计算公式

国内外学者经过大量试验,认为静冰压力 P 与冰温温升率 $\dfrac{\mathrm{d}\theta}{\mathrm{d}t}$、初始冰温 θ_0、升温时间 t 有关,其数学模型的函数关系可表示为

$$P = f\left(\frac{\mathrm{d}\theta}{\mathrm{d}t},\ \theta_0,\ t\right) \tag{6-14}$$

其物理现象是：①在同一冰温温升率下,初始温度越低,静冰压力越大；②在同样的初始温度下,冰温温升率越高,静冰压力越大,当冰温温升率为零时,静冰压力为零；③当气温达到一定值后,虽然冰温还继续上升,但这时冰晶结构已发生了变化,静冰压力反而下降。

天津市水利科学研究所的张丹研究得出,静冰压力增值 ΔP 与气温温升率 ΔT 不依从线性关系[11]。对实测数据进行数理统计和多种曲线型的回归分析比较,并遵从其物理意义上的合理性,被确认为是呈幂函数关系,即

$$\Delta P = c \cdot \Delta T^b \tag{6-15}$$

且

$$\Delta P = \frac{P - P_0}{t}, \quad \Delta T = \frac{T - T_0}{t} \tag{6-16}$$

式中：P 为计算时刻静冰压力（$\mathrm{kg/cm}^2$）；P_0 为初始静冰压力（$\mathrm{kg/cm}^2$）；T 为计算时刻气温（℃）；T_0 为初始气温（℃）；t 为计算时段的时间（h）；c 和 b 为回归系数。

由式(6-15)和式(6-16)可得

$$P = c \cdot t \cdot \Delta T^b + P_0 \tag{6-17}$$

为了确定 $P_0 = f(T_0)$ 的关系,对实测初始气温 T_0 和对应的初始静冰压力 P_0 进行数理统计和多种曲线型回归分析,并遵从其物理意义上的合理性,其结果

是呈指数曲线型,即

$$P_0 = a\,\mathrm{e}^{\frac{d}{T_0}} \tag{6-18}$$

式中,a 和 d 为回归系数。

将式(6-18)代入式(6-17),得

$$P = c \cdot t \cdot \Delta T^b + a\,\mathrm{e}^{\frac{d}{T_0}} \tag{6-19}$$

式(6-19)为有太阳辐射,周边为斜坡式约束条件下推出的静冰压力计算公式。可见,式(6-19)除了前述的数学逻辑之外,它所体现的物理意义是静冰压力应由两部分组成,即在计算时段内由气温温升率 ΔT 的变化而产生的静冰压力增值 ΔP 与初始静冰压力 P_0 之和。当 $\Delta T = 0$ 时,静冰压力 $P \neq 0$,而 $P = P_0$。

总静冰压力 P_z 是指沿护坡轴线单位长度上的沿冰厚分布的静冰压力总和,8 时至 14 时静冰压力沿深度分布的图形近似三角形分布,总静冰压力 P_z 为

$$P_z = \frac{Mh^2}{2(h-5)}P \tag{6-20}$$

式中:h 为冰厚(m);P 为单位静冰压力(kPa);P_z 为总静冰压力(kN/m);M 为安全系数,取 1.8～2.6。

6.2.4 谢永刚静冰压力计算公式

式(6-7)的确定是建立在实际观测资料基础之上的。分析了气温、冰温、起始冰温、温升率、升温持续时间、冰厚及约束条件对静冰压力的影响关系和静冰压力沿冰层深度的分布关系,建立了静冰压力计算图形。静冰压力沿冰层深度的分布是不同的,由于冰盖表层为自由面,受到的约束较差,表层的冰压力稍小,则气温的影响主要在表层 30 cm 以内。因此,在冰层深 10～30 cm 处冰压力最大,其下更深处的冰温变化很小,也就使得冰压力随深度减小,至冰层底面接近于零,形成冰层上部产生的冰压力比下部大,冰压力的大小主要由表层冰温控制的情形。谢永刚[12]根据 10 年观测数据,以实测冰压力值分析冰单元体的受力情况,并区分不同年份及不同条件,点绘大量的冰压力沿深度变化曲线。结果表明,冰压力场沿深度呈桃形分布,且平均最大静冰压力发生在深度 0.25～0.45 m 之间,最大静冰压力可达 550 kPa,如图 6-1 所示。

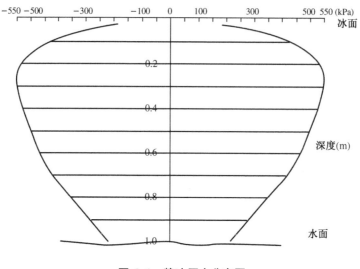

图 6-1 静冰压力分布图

谢永刚[12]根据 10 多年的压力观测值统计分析,得出以下计算静冰压力公式

$$P = KK_s C_h \frac{\Delta t_d^{\frac{1}{3}}}{(-t_a)^{0.2}} (T^{0.4} - 1.0) \qquad (6\text{-}21)$$

式中:P 为冰层平均静冰压力(kPa);K 为综合影响系数,一般取 $K = 3.5 \sim 5$;K_s 为积雪影响系数,无雪时取 $K_s = 1.0$,冰面雪厚 $0.1 \sim 0.2$ m 时,取 0.5;t_a 为气温起始值(早 8 时,℃);Δt_a 为早 8 ~ 14 时气温升高增值(℃),连日升温天气可取第一天早 8 时至第二天(或第三天)14 时的气温增值;T 为与 Δt_a 相应的升温持续时间(h);C_h 为与冰厚有关的变换系数(见表 6-6)。

表 6-6 C_h 系数表

冰厚(m)	0.4	0.6	0.8	1.0	1.2
C_h	38.32	30.48	26.85	4.70	23.13

经过统计、整理、简化得出了直接按气温计算的上述公式,并包含了综合影响、积雪影响、冰厚变换影响的因素,据胜利水库等实测资料验证,误差在 10% 以内。工程运用较为方便,有一定的可靠基础,但公式中的参数需通过观测和调查取得。对于各参数的确定,如早 8 时的气温值 t_a、早 8 时至 14 时气温升高值 Δt_a 和升温持续时间等,在年内和各年之间变化也不同。因此,年际之间的冰压力也不同。

6.2.5 苏联颁布的规范公式

1986 年苏联颁布《波浪、冰凌和船舶对水工建筑物的载荷与作用》规范,此规范适用于盐度小于千分之二的区域。当温度升高体积膨胀的时候,冰对边界建筑形成的线性载荷 q 满足下式[13]

$$q = h_{\max} K_t p_t \tag{6-22}$$

式中: $h_{\max}$ 为保证率在 1% 时冰盖层最大厚度(m); K_t 为变系数,根据冰盖层延伸长度 L(m)取值($L < 50$ m 时, $K_t = 1.0$; $L = 70$ m 时, $K_t = 0.9$; $L = 90$ m 时, $K_t = 0.8$; $L = 120$ m 时, $K_t = 0.7$; $L > 150$ m 时, $K_t = 0.6$); p_t 为冰吸热膨胀时由于弹性和塑性变形产生的对外反作用力(MPa),根据下式确定

$$p_t = 0.05 + 11 \times 10 - 5 v_{t,a} n_i \varphi \tag{6-23}$$

式中: $v_{t,a}$ 为在 t(h) 时间内(在 4 个定时观测时间段,每个时间段 6 h)最大温度升高速率(℃/h); n_i 为冰的黏滞系数(MPa·h),按下式确定

$$n_i = (3.3 - 0.28 t_i + 0.083 t_i^2) \times 100 \quad (t_i \geqslant -20℃) \tag{6-24}$$

$$n_i = (3.3 - 1.85 t_i) \times 100 \quad (t_i \leqslant -20℃) \tag{6-25}$$

式中, t_i 为冰体温度(℃),按下式确定

$$t_i = t_b h_{rel} + \frac{v_{t,a} t}{2} \psi \tag{6-26}$$

式中: t_b 为温度回升时的外界气温(℃); $h_{rel} = \dfrac{h_{\max}}{h_{red}}$ 为积雪深度对冰层厚度的影响, h_{red} 为冰盖层的换算厚度(m)。 式(6-23)和式(6-26)中 φ 和 ψ 为无量纲系数, t 为两次气温测量的时间间隔(h)。

王川[6]的研究表明:利用水工建筑物抗冰冻设计规范得到的值最大,室内单轴压缩强度试验得到的值最小,原因可能是冰面至冰下 2 cm 之间冰层静冰压力值未计入。徐伯孟、东北勘测设计院水利科学研究所、谢永刚及天津市水利科学研究所得出的值很接近,也较室内试验得出值稍大。从计算结果可以看出室内试验计算结果与经验公式的计算结果相差不大,但是由于经验公式中带有较多的系数项,使计算结果带有不确定性。王川[6]详细分析了经验公式中的系数项:①综合影响系数 K 是影响静冰压力的各个因素的体现,特别是冰盖层所受约束条件

等影响。它不是一个常数,但在一定约束条件下,K 值有一个相对稳定的范围。对于库面较开阔的大型平原水库,K 值较大;库容较小并且护坡平缓,约束条件较差的小型平原水库,K 值较小;如果库面较开阔,库容较大,山区或者半山区的水库,K 值偏小。②积雪影响系数 K_s 对静冰压力的影响也是复杂的。除非整个冬季冰面有积雪覆盖,在计算中可不考虑积雪的影响。③冰厚变换系数 C_h 对静冰压力的影响。谢永刚 10 年观测资料发现,静冰压力沿冰厚呈桃形分布,厚度 lm 的冰层,最大静冰压力产生在 $0.25 \sim 0.45$ m 之间[12];徐伯孟[9]研究得出冰层表面为自由面,冰压力较小,深 $10 \sim 30$ cm 处的冰压力最大,其下随深度逐渐减小,到冰底面接近为零,并将表层的 30 cm 以 15 cm 厚为一层分成两层,而在 30 cm 以下冰压力按三角形分布[9];天津水利科学研究所则将静冰压力沿深度看成近似呈三角形分布,这说明总静冰压力随厚度的增加而增大[11]。④冰层起始温度的影响。大部分的室内小试件试验得出的结论是,在相同的温升率下,初始冰温越低,冰压力越大。然而根据徐伯孟现场观测[9],结论并非如此。在同一冰温增值下,初始平均冰温越低,冰压力越小。产生这种结果的主要原因是由于冰层上下温度升降不同步,存在温差,在冰层中出现许多裂缝,由于冰层下半部分受气温影响较上半部分滞后,温度变化的不均匀使冰层中产生裂缝,它的存在也抵消了一部分静冰压力。⑤温升率和升温持续时间的影响。在其他条件相同时,温升率愈大,产生的静冰压力也越大;温升率相同时,升温时间越长,静冰压力也越大。但是,当冰温升至某一值时,静冰压力将不会随温度升高而继续增大,经观测发现,冰温升至 $-1.5 ℃$ 时,静冰压力值将会减小。连日降温天气产生的静冰压力很小,甚至不会产生。⑥日照辐射的影响。阴天的静冰压力比晴天要小,晴天在太阳辐射下,冰温升高使静冰压力增大。⑦水库水位变化对静冰压力的影响。当水库水位下降时,靠近大坝坡面的冰面呈凹曲状,冰层下部受弯产生一定拉力,造成冰盖层断裂使冰压力减弱。水位高并且降落值小时,静冰压力较大,反之静冰压力值较小。

经验公式中参数的选择有很强的地域性和时间性,要通过长期的观测和积累才能获得,因此通过静冰压力现场观测总结得到的经验公式往往带有很大的局限性。室内单轴压缩强度试验则不受这些条件限制,且室内得到是应力与冰温和应变率的函数关系式,而冰温变化要滞后于气温,因此它能够计算出静冰压力最大时的值。由于经验公式使用气温数据,因此得到的仅是当天气温最高时的平均静冰压力值,并没有考虑温升率-应变对静冰压力的影响。室内小试样试验难以代表实际大冰盖层的性质,并且由室内试验应力-应变关系得到的计算结果绘出的曲线与大量的实际测量结果不同。虽然结果显示静冰压力主要集中在冰层上部,但是表层静冰压力值最大,与谢永刚等实际观测的近似桃形应力场不符,也与表层存在大量裂缝的观测事实背离。因此,应用于工程实际还有一定的距离。现场观测周期较长、仪器误差、室内模拟技术不很完善,这些因素使得静冰压力值的确定更加复杂,不能为设计提供较可靠的冰压力值,这些表明目前对静冰压力作用的认识还不够完善。

6.3　冰推力的数值模拟方法

潘晨[14]在对水泥混凝土路面冰冻损伤机理数值模拟研究基于一个 nm 尺度的路面微观模型,在其中布置一个孔隙,利用有限元软件 ANSYS,基于热传导的基本原理,模拟和分析了不同孔隙半径、不同冰水含量在路面降温过程中对路面内部温度场的影响。得出由于孔隙中冰晶体的存在,会对原本均匀的路面温度场造成显著扰动的结论;通过分析还发现了在结冰过程中,作用于孔隙的温度应力是一个先减小再增大的过程。基于应力场、多孔体系渗流场和温度场的多物理场耦合理论,利用 Comsol 软件对水泥混凝土路面内部结冰的现象进行了数值模拟。根据不同的降温速率、孔隙率、渗透系数和孔隙累积分布函数,设计了四组模型,每组 4 个模型进行对比。计算了结冰对路面造成的应力和应变,得到了参考点的应力和应变随温度变化的曲线图。

何涛等[15]对冻融冰水界面静冰压力作用下钢筋混凝土桥墩破坏进行了数值模拟分析,以内蒙古鄂尔多斯市乌兰木伦河 3 号坝钢筋混凝土桥为例,通过建立冻融冰水界面桥墩受力模型,并运用有限元分析软件 ANSYS 数值分析静冰压力对桥墩的剪切作用。计算结果表明,冰盖受温度升高膨胀而产生静冰压力,在墩柱-承台连接处、墩柱-盖梁连接处形成应力集中,在上部荷载和静冰压力组合作用下使得桥墩斜向剪切破坏,建模分析结果与现场检测结果基本一致。

对冰压力的计算,目前通常采用三种方式。第一种是经验公式法,它主要依据现场实测数据资料并结合冰的某些物理力学性质应用数理统计方法,提出各种简单、有效的经验关系式,在某种程度上对工程设计起到了指导作用,但因自然环境的多变性及现场测试方法与仪器设备的局限性,使其应用受到一定的限制。第二种是模拟试验法,这种方法是在一定的理论指导下,尽可能再现工程中的真实自然过程,已经成为科学研究的重要辅助手段。第三种是数值方法,基于相关力学理论,运用数学方法并借助于计算机以解决工程上的问题。数值计算为我们提供了很好的解决问题的思路,但计算比较复杂,需借助通用的计算程序才能使其更有实用价值。与经验公式相比,由于它可根据具体的结构形式和环境条件,建立相应的计算模型进行各种分析,因此更具有实用性、灵活性,且在精度上也可得到保证。由于数值方法是以理论分析为基础的,故计算结果通常可作为载荷上限的估计,应用于工程设计时,可满足安全上的要求。不过需要注意的是,冰是一种复杂的材料,反映其材料及力学特性的参数很难确定,这就需要根据大量的现场观察及模拟试验数据分析提取出合理的取值范围。因此,要从真正意义上解决冰压力的计算问题,需要上述三种方法相互结合,互为参照。

在冰膨胀数值分析的问题上,黄焱等[16]就冰膨胀力问题展开过数值分析,但是其内容主要针对冰膨胀原理及约束条件对冰膨胀力的影响,其他因素并未详细阐述;刘荔铭[17]以 ANSYS 参数化语言对冰荷载进行数值分析,分析过程中,完善了对初始温度、温升率、冰盖厚度和边界条件四个方面的单独分析,在反映温度场变化率的过程中,围绕的是冰盖厚度同温度的关系;另外李梦姗等[18]借用 ABAQUS 有限元分析软件对冰荷载进行分析,除了对冰荷载影响因素单独分析外,还利用软件特点研究了具有裂纹的冰盖在水位下降过程中对水工建筑物产生的危害。李达等[19]基于一个长 100 m、宽 30 m、高 1 m 的冰体模型对冰盖进行数值模拟分析,计算了稳态温度场、瞬态温度场及瞬态温度应力,并结合《水工建筑物抗冰冻设计规范》(GB/T50662—2011)和部分研究成果中总结的经验公式,对数值分析的结果进行了可行性和准确性验证。由数值分析结果得知:1 m 厚的冰盖在初始温度−20℃、动态温度场每 2 h 升高 10℃、直立墙约束的条件下,冰盖在厚度方向发生了较大的膨胀变形,并由于应力集中,最大主应力发生在距离冰面 1/3 处,边角处分布最大压应力值为 0.27 MPa。李达等人还对不同厚度下的应力分布也进行了数值分析,分析结果与规范和经验公式差异较小。在以上数值分析的过程中集中对冰荷载影响因素进行了重点分析,然而数值分析对实际工况的模拟还具有不完善性,以及借用有限元分析的手段来研究冰问题的精准性是需要论证的。

高泰[20]在对水库冰盖极值静冰压力研究中,将水库冰盖的极限冰压力归结为对冰盖的蠕变屈曲分析,并考虑材料非线性和几何非线性的双重非线性问题,采用有限元法进行数值分析。水库冰盖的弹塑性屈曲承载力分析和蠕变屈曲承载力分析的计算机仿真过程,主要是在考虑材料非线性及几何非线性的基础上,利用增量理论建立有限元方程,用以对水库冰盖在温度膨胀力作用下的力学行为进行仿真。

材料非线性问题可以分为两类。一类是不依赖于时间的弹塑性问题,其特点是当载荷作用以后,材料变形立即发生并且不再随时间而变化。另一类是依赖于时间的黏弹、塑性问题,其特点是当载荷作用以后,材料不仅立即发生相应的弹塑性变形,而且变形随时间会继续增长。在载荷保持不变的条件下,由于材料的黏性而使变形继续增长,称之为蠕变;在变形保持不变的条件下,由于材料黏性而使应力衰减,称之为松弛。水库冰盖的弹塑性屈曲承载力分析和蠕变屈曲承载力分析的计算机仿真过程,主要是在考虑材料非线性及几何非线性的基础上,利用增量理论建立有限元方程,用以对水库冰盖在温度膨胀力作用下的力学行为进行仿真。在冰盖变形及承载力分析过程中,考虑到冰盖除发生弹性变形外,还有可能产生塑性变形,因此在对冰盖变形的描述中需要涉及塑性力学,主要是应用增量理论的基本法则,由三部分组成:屈服准则、流动法则和硬化法则。

(1) 屈服准则

判断物体中某一点是否产生塑性变形,要看它是否满足一定的条件,这一条件就称为屈服准则。屈服准则规定了材料开始塑性变形时的应力状态。在单轴应力状态下,材料是否达到屈服是很容易判断的,即单轴应力小于屈服应力 σ_s 时,可认为材料处于弹性状态,当单轴应力达到屈服应力 σ_s 时,材料进入塑性应力状态。而在复杂应力状态下,问题就相对复杂了。因为一点的应力状态是由六个应力分量确定的,不能简单地选取某一分量作为判断是否屈服的标准,而是应该考虑所有分量对材料进入塑性状态的贡献。对于初始各向同性材料,在一般应力状态下开始进入塑性变形的条件是

$$F^0 = F^0(\sigma_{ij}, k_0) = 0 \tag{6-27}$$

式中:σ_{ij} 表示应力张量分量;k_0 是给定的材料参数。$F^0(\sigma_{ij}, k_0)$ 的几何意义可以理解为 9 维应力空间的一个超曲面,此曲面被称为初始屈服面。对于一般材料,通常采用 Von Mises 屈服条件,当材料在以偏斜应力张量表示的应力状态的超球面以内,材料是弹性的;当应力状态到达球面时,材料开始进入塑性变形。在三维主应力空间,Von Mises 屈服条件可以表示为

$$F^0(\sigma_{ij}, k_0) = \frac{1}{6}\left[(\sigma_1 - \sigma_2)^2 + (\sigma_2 - \sigma_3)^2 + (\sigma_3 - \sigma_1)^2\right] - \frac{1}{3}\sigma_{s0}^2 = 0$$

$$\tag{6-28}$$

式中：σ_{s0} 是材料的初始屈服应力；σ_1、σ_2、σ_3 是三个主应力。该式的几何意义是在三维主应力空间内，初始屈服面是 $\sigma_1 = \sigma_2 = \sigma_3$ 为轴线的圆柱面。在 $\sigma_3 = 0$ 的平面内（即 σ_1 和 σ_2 的子空间）屈服函数的轨迹是长半轴为 $\sqrt{2}\sigma_{s0}$、短半轴为 $\sqrt{2/3}\sigma_{s0}$ 的一个椭圆。

（2）流动法则

流动法则用来规定材料进入塑性应变后的塑性应变增量在各个方向上的分量以及应力分量和应力增量之间的关系，描述了材料发生屈服时，塑性应变的流动方向。Von Mises 流动法则假设塑性应变增量由塑性势 ψ 导出

$$d\varepsilon_{ij}^{p} = \mathrm{d}\lambda \frac{\partial \psi}{\partial \sigma_{ij}} \qquad (6-29)$$

式中：$d\varepsilon_{ij}^{p}$ 是塑性应变增量的分量；$\mathrm{d}\lambda$ 是比例因子；ψ 是应力状态与塑性变形的函数，对于稳定的应变硬化材料通常取和后续屈服函数 F 相同的形式，称之为与屈服函数相关联的塑性势。对于关联性情况，流动法则表示为

$$d\varepsilon_{ij}^{p} = \mathrm{d}\lambda \frac{\partial F}{\partial \sigma_{ij}} \qquad (6-30)$$

可以看到，塑性应变是沿着应力空间中后继屈服面的法线方向发展的，故又称为法向流动法则。

（3）硬化法则

硬化法则用来规定材料进入塑性变形后的后继屈服函数（又称加载函数或加载曲面）在应力空间中变化的规则。一般来说，后继屈服函数可以采用以下形式

$$F(\sigma_{ij}, k) = 0 \qquad (6-31)$$

式中，k 为硬化参数，它依赖于变形的历史，通常是等效塑性应变 $\bar{\varepsilon}_p$ 的函数。

对于理想塑性材料，因无硬化效应，其后继屈服函数和初始屈服函数相同。对于不同的硬化材料与不同的硬化特征，通常采用的硬化法则有各向同性硬化法则、运动硬化法则和混合硬化法则三种。各向同性硬化法则规定，当材料进入塑性变形后，加载曲面在各个方向上均匀地向外扩张，但其形状、中心及其在应力空间中的方位均保持不变。运动硬化法则规定材料在进入塑性变形后，加载曲面在应力空间作刚体移动，但其形状、大小和方位均保持不变。为了适应材料一般硬化特性的要求，首先提出应该同时考虑各项同性硬化和运动硬化两种法则，即混合硬化法则。该法则将塑性应变增量分成共线的两部分，即令

$$d\varepsilon_{ij}^{p} = d\varepsilon_{ij}^{p(i)} + d\varepsilon_{ij}^{p(k)} = Md\varepsilon_{ij}^{p} + (1-M)d\varepsilon_{ij}^{p} \qquad (6\text{-}32)$$

式中：$d\varepsilon_{ij}^{p}$ 是总塑性应变增量；$d\varepsilon_{ij}^{p(i)}$ 是与各向同性硬化法则相关联的部分塑性应变增量；$d\varepsilon_{ij}^{p(k)}$ 是与运动硬化法则相关联的部分塑性应变增量；M 是在-1和1之间的材料参数，可以为常数，也可以是变量。是为了能适应材料软化的情况。表现了各向同性硬化特性在全部硬化特性中所占的比例，称为混合硬化系数。

各向同性硬化法则主要适合于单调加载或后继拉压屈服应力相同的情况，后两种硬化法则可用于反向加载和循环加载情况。

参考文献

[1] ROSE E. Thrust exerted by expanding ice sheet[J]. Transactions of the American Society of Civil Engineers，1947，112:871-885.

[2] HERRMANN H，BUCKSCH H. Thermal ice pressure[M]. Berlin：Springe，2014.

[3] MICHEL B. Ice pressure on engineering structures[J]. Cold Regionsence & Engineering Monograph，1970.

[4] 中华人民共和国水利部.水工建筑物抗冰冻设计规范[M].北京:中国计划出版社,2011.

[5] 王听.不同种类冰的厚度计算原理和修正[D].大连:大连理工大学,2007.

[6] 王川.红旗泡水库冰层变形观测及静冰压力计算[D].大连:大连理工大学,2010.

[7] 李洪升,张小鹏,刘增利,等.水位降低时冰盖板对坝坡产生的弯矩计算方法[J].水利学报,2000(8):6-9.

[8] 张儒生,孙福德.水工建筑物冻害防治技术[M].哈尔滨:哈尔滨地图出版社,1998.

[9] 徐伯孟.冰层膨胀压力的设计取值[J].冰川冻土,1987(S1):73-84.

[10] 水工设计手册4——土石坝[M].北京:中国水利电力出版社,1985:102-115.

[11] 张丹.水库静冰压力的计算[J].冰川冻土,1987(S1):83-97.

[12] 谢永刚.黑龙江胜利水库冰盖生消规律[J].冰川冻土,1992,14(2):168-173.

[13] 潘桃桃.基于反射式光强调制型光纤压力传感器(RIM-FOPS)的静冰压力检测系统的设计与应用[D].太原:太原理工大学,2015.

[14] 潘晨.基于有限元数值模拟的水泥混凝土路面冰冻损伤机理研究[D].哈尔滨:哈尔滨工业大学,2010.

[15] 何涛,柴金义,张宏.基于ANSYS对冻融冰水界面静冰压力作用下钢筋混凝土桥墩破坏的分析[J].内蒙古大学学报:自然科学版,2015(4):442-447.

[16] 黄焱,史庆增,宋安.冰温度膨胀力的有限元分析[J].水利学报,2005,36(3):314-320.

[17] 刘荔铭.高寒地区水库静冰压力对砼面板堆石坝的变形及损伤研究[D].西宁:青海大学,2017.

[18] 李梦姗,解宏伟.水位降低引起的冰盖对水工建筑物拉拔力作用研究[J].青海大学学报,2017,35(4):76-83.

[19] 李达,苏安双,孙颖娜,等.寒区冰膨胀力的有限元分析[J].水利科学与寒区工程,2019,2(4):69-74.

[20] 高泰.水库冰盖极值静冰压力研究[D].大连:大连理工大学,2010.

7 某寒冷地区水库碾压混凝土重力坝特征分析

7.1 工程概况

7.1.1 地理位置

某寒冷地区水库水利枢纽工程位于太原市西北 30 km 的汾河干流上,坝址左岸隶属太原市阳曲县,坝址右岸隶属于太原市尖草坪区,坝址以上控制流域面积 7 616 km²,其中某水库至某寒冷地区水库区间流域面积 2 348 km²。区间年径流量1.45亿 m³。

7.1.2 河流水系

汾河为黄河一级支流,也是山西省内第一条大河,发源于宁武县的管涔山南麓,由北向南流经宁武县及静乐县,于娄烦县静游镇流入汾河水库,出汾河水库经古交峡谷再经过某寒冷地区水库,由兰村出山口流经太原盆地,至灵石县又进入灵霍山峡,向西南流经临汾盆地,至万荣县汇入黄河,汾河全长约 716 km,流域面积 39 471 km²。汾河干流可分为上、中、下游三段,其中太原北郊兰村以上为上游段,兰村至义棠段为中游段,义棠以下为下游段。

汾河上游段河道长 217 km,流域面积 7 705 km²。属山区性河流,干流绕行于峡谷之中,平均比降 4.4‰。河道蜿蜒曲折,穿行于高山峡谷中,两岸为石质山区,沟谷深切于基岩石槽中,山谷谷深,谷道弯曲,为典型高山峡谷区。汾河干流两侧和支流岚河中下游地区,基本被黄土覆盖,为中山黄土梁峁沟壑地貌,植被较差,水土流失严重。

位于上游的某水库于 1958 年 7 月动工兴建,1961 年 6 月建成投入运行,坝址以上控制流域面积 5 268 km²。某水库以上主要支流有洪河、鸣水河、万辉沟、西贺沟、界桥沟、西碾河、东碾河、岚河等,其中东碾河和岚河水土流失严重,是汾河水库泥沙的主要来源。30 多年来某水库一直采用拦洪蓄水的运行方式,水库泥沙淤积比较严重。

某水库至某寒冷地区水库区间主要有狮子河、天池河、屯兰河、原平河、大川河和柳林河等 6 条较大的季节性河流汇入,该段水文下垫面主要为灰岩灌丛山地,属于灰岩强渗漏带,对洪水产流有较大影响。某寒冷地区水库地理位置图如图 7-1 所示。

图 7-1　某寒冷地区水库地理位置图

7.1.3　水文气象

某水库至某寒冷地区水库区间年平均降水量为 490 mm,年平均降水日数80 天;某寒冷地区水库年平均气温 9.5 ℃,月平均最高气温 29.5 ℃(七月份),月平均最低气温－13.0 ℃(一月份);年平均水面蒸发深度 968 mm;最大冻土深度100 cm;平均无霜期 170 天。

流域洪水主要由暴雨形成,暴雨的地区分布不均,大面积暴雨发生次数较少,常以局部洪水为主。流域内降水年内分配不均,大洪水多发生在 7—8 月,最早涨洪时间为五月上旬,最晚为十月下旬。

某水库至某寒冷地区水库位于古交山峡区间,河谷狭窄,河道较陡,洪水暴涨暴落,峰型多为历时短、尖瘦的峰。通常暴雨历时较短,一般洪水历时仅 1～3 d,而形成的洪水峰大量小。某水库上游流域内与某水库至某寒冷地区水库区间洪水相遇机会较少。

7.2 地质及滑动面

7.2.1 水库基本特性

某寒冷地区水库水利枢纽工程主要由大坝、供水发电洞和引水式发电站等建筑物组成。总库容1.33亿 m³,水库工程规模为大(二)型,工程等别为Ⅱ等,主要建筑物拦河大坝、供水发电洞为二级建筑物,引水式发电站为四级建筑物。防洪标准按 100 年一遇洪水设计,1 000 年一遇洪水校核,水库正常蓄水位 905.70 m,死水位 885.00 m,汛限水位 905.70 m,设计洪水位 907.32 m,设计泄量3 450 m³/s,校核洪水位 909.92 m,校核泄量 5 168 m³/s。工程原地震设计烈度为 7 度。根据《中国地震动参数区划图》(GB 18306—2015),坝址区地震基本烈度为 8 度。

7.2.2 主要水工建筑物

7.2.2.1 大坝

大坝为碾压混凝土重力坝,坝轴线距上游玄泉寺约 500.00 m,坝址处为"U"形河谷,上下游河道顺直,河道较窄,河床两岸下部陡峭,上部较舒缓。坝基齿槽开挖高程 824.00 m,坝顶高程 912.00 m,最大坝高 88.00 m,坝顶长 227.70 m,坝顶宽度 7.50 m。坝体上游面 857.70 m 高程以下坡比为 1∶0.2,以上为垂直坡;坝体下游 900.93 m 高程以下坡比为 1∶0.75,以上为垂直坡。坝顶上游侧设 1.20 m 高防浪墙。

大坝分左岸挡水坝段、溢流表孔坝段、泄流冲沙底孔坝段、右岸挡水坝段 4 个坝段。坝体中部为 48.00 m 长溢流表孔坝段,设 3 孔净宽 12.00 m 的溢流表孔,堰顶高程为 902.00 m,设 3 扇 12.00 m×6.50 m 弧形工作门,最大泄量1 578.00 m³/s;设有叠梁式检修门,闸墩顶面 912.00 m,有宽 7.50 m 的交通桥与两端坝顶相连。溢流表孔坝段的下游消能为挑流式消能工,挑流鼻坎高程为 861.70 m。

溢流表孔两侧对称布置有 2 孔泄流冲沙底孔,两坝段长均为 25.60 m。泄流冲沙底孔为坝内长压力孔道,进口孔口尺寸为 5.80 m×7.20 m,底高程为 859.00 m,设有平板事故检修门,坝顶设有启闭机室,地板高程 926.00 m;出口断面尺寸为 5.60 m×6.00 m,出口挑坎高程 862.05 m,最大泄量 3 590.00 m³/s,设有弧形工作门和启闭机室。

两岸非溢流挡水坝段总长 128.50 m,其中右岸非溢流挡水坝段长 73.60 m、左岸非溢流挡水坝段长 54.90 m。挡水坝段基本断面为三角形,顶点在坝顶,坝顶高程 912.00 m,坝顶宽 7.50 m,最大坝高 88.00 m。

左岸挡水坝段与岸坡连接处设有 150.00 m 长混凝土防渗墙,墙体厚 0.80～1.00 m,墙顶高程 912.00 m,最大墙深 20.50 m,大坝与墙体相接处设黏土防渗裹头。大坝与右岸高程 908.00 m 灌浆引张线隧洞联接段长 22.30 m。

坝内布置有灌浆帷幕排水廊道、排水廊道和观测廊道共 14 条,前两种廊道兼有观测和交通之用。灌浆帷幕排水廊道设于坝体内上游侧底部,主河床段廊道底高程 832.20 m,岸坡基础纵向坡度陡于 45°。排水廊道位于主河床坝段坝体内下游,廊道底高程 830.20 m。纵向廊道净断面尺寸为 2.50 m×3.50 m(宽×高)。坝基设有 3 道横向廊道,断面尺寸为 2.50 m×3.00 m(宽×高)。坝体 908.00 m 高程设一纵向观测廊道,断面尺寸为 1.50 m×3.00 m(宽×高)。纵向廊道之间有竖井连接,横向廊道与上下游灌浆帷幕排水廊道相通。

大坝设三条横缝,将坝体分为四个坝段,即左、右岸挡水坝段,泄流冲沙底孔坝段和溢流表孔坝段。横峰不留缝宽,大坝上游防渗层有两种止水铜片,大坝下游水下横缝设橡胶止水。纵向廊道穿越大坝横缝部位,沿廊道周围设一道封闭的橡胶止水带。大坝不设纵缝。

坝体上游的基础灌浆排水廊道和 908.00 m 高程的观测廊道组成的立面上设置坝体排水系统,坝体排水管间距为 2.00 m,管径 25.00 cm。

7.2.2.2 供水发电洞

供水发电洞位于右岸山体,布置在右岸上游约 40.00 m 处。进口段长 17.80 m,主洞洞身段长 399.47 m,洞内径 4.00 m,出口段长 26.00 m,全长 443.27 m,进口底高程 871.00 m,出口底高程 859.02 m,纵坡 3%,设计供水流量 80.0 m³/s。

供水发电洞在桩号洞 0+000 至 0+319.915 段,为供水发电泄洪共用段,在桩号洞 0+319.915 至 0+417.265 段为供水泄洪共用段。发电支洞在桩号洞 0+319.915 与主洞相交,支 0+000 至支 0+110.910 段为发电支洞段,支洞内径 4.00/2.00 m,设计发电流量 36.50 m³/s。洞身采用钢筋混凝土衬砌。

进水口段设喇叭口及闸室,进口底高程 871.00 m,进水口前半部分设分流中墩,进水口后半部分为单孔。整个进水口段的喇叭口渐变段长 10.00 m,由进口前缘 8.00 m×7.00 m 渐变为竖井前断面孔口尺寸 4.00 m×4.00 m。主洞洞身段为圆形有压洞,内径 4.00 m。供水发电洞进口设拦污栅 2 扇、事故检修闸门 1 扇。

隧洞在洞 0+083.000 至 0+114.765 为水平曲线段,隧洞转弯半径 35.00 m,转角为 52°,其余隧洞段均为直线布置。隧洞纵坡为 3%。

出口段设闸室及泄槽,在出口下游设底流消能明渠段及箱涵式交通桥。出口闸室位于悬泉寺"S"形河道中直线段中部台地,闸室底板高程 859.016 m,闸室长 26.00 m、宽 3.50 m,采用弧形闸门控制。挑流鼻坎紧接出口闸室,挑流鼻坎顶高程 860.80 m,挑角 24°,挑流鼻坎反弧半径为 25.00 m。

发电支洞在桩号洞 0+319.915 与主洞相接,总长 122.38 m,内径 4.00 m/2.00 m。在桩号支 0+072.00 至支 0+078.33 为水平转弯段,转弯半径 25.00 m,转角为 15°25′26″。在桩号支 0+89.800 处设支洞 2,支洞 2 与支洞的夹角为 28°16′34″,洞径 2.00 m,采用钢板混凝土衬砌。在桩号支 0+110.910 处设支洞 3,支洞 3 与支洞的夹角也为 28°16′34″,洞径 2.00 m,采用钢板混凝土衬砌。

7.2.2.3 坝后式发电站

发电工程布置在大坝下游右岸的二级阶地上,主要由发电引水支洞、主副厂房、升压站、尾水渠及防洪闸室等建筑物组成。电站最大水头 51.00 m,电站最小水头 24.40 m,设计水头 34.50 m,设计流量 36.50 m³/s,总装机容量 9 600 kW,年发电量 2.35×10^7 kW。

电站场区地面高程 860.00 m。主副厂房平行布置,发电引水支洞位于右岸山体内,副厂房位于主厂房上游侧,升压站布置在厂房西侧,尾水渠及防洪闸室位于主厂房北侧。厂区公路与右岸上坝公路相连。

主厂房长 43.50 m,宽 12.00 m,高 24.00 m,分为发电机层、水轮机层和蜗壳层。厂房内设 3 台发电机组,单机容量 3 200 kW,总装机容量 9 600 kW,水轮机型号为 HLA551-1J-125,发电机型号为 SF3200-16/2600。电站水轮机安装高程 853.40 m,水轮机层地面高程 855.50 m,发电机层地面高程 859.33 m,装配厂高程 860.16 m。

副厂房位于主厂房上游,长 43.50 m、宽 7.70 m、高 13.30 m,共分三层,下层地面高程 855.50 m,中层地面高程 860.20 m,上层地面高程 864.70 m。升压站由 2 台主变压器和 35 kV 开关站组成,地面高程 860.00 m。电站厂房后接 165.60 m 长的尾水渠,将尾水泄入河道。尾水渠及防洪闸全长 165.60 m,包括反坡收缩段、防洪闸室段、箱涵段,纵坡为 1/500。某寒冷地区水库枢纽平面布置图、各坝段剖面和地质图如图 7-2 至图 7-6 所示。

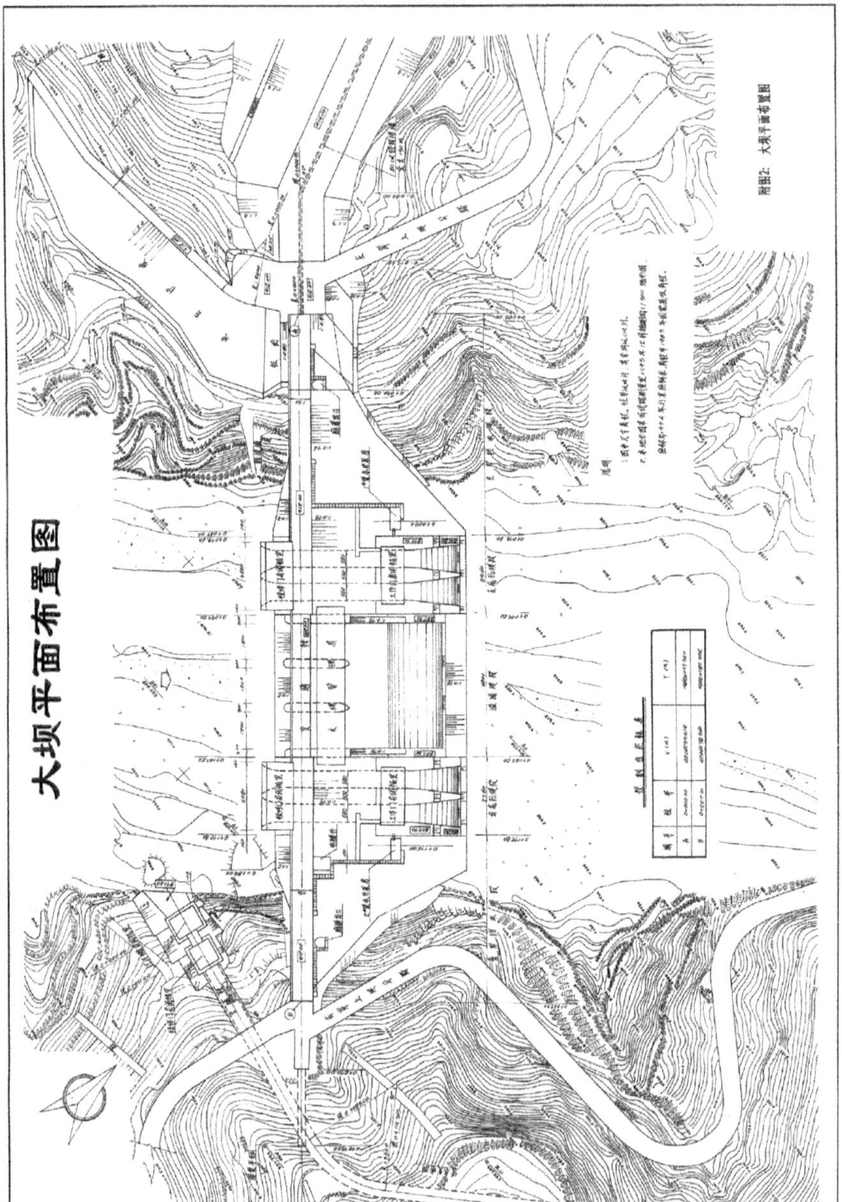

图7-2 大坝平面布置图

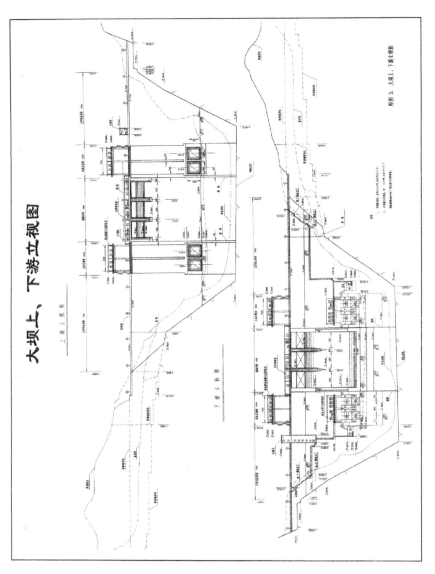

图7-3　大坝上、下游立视图

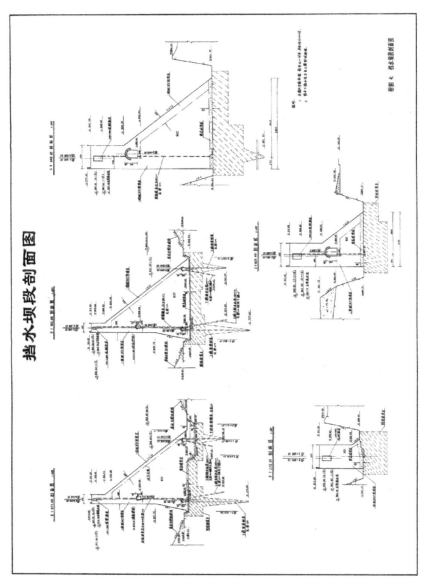

图7-4 挡水坝段剖面图

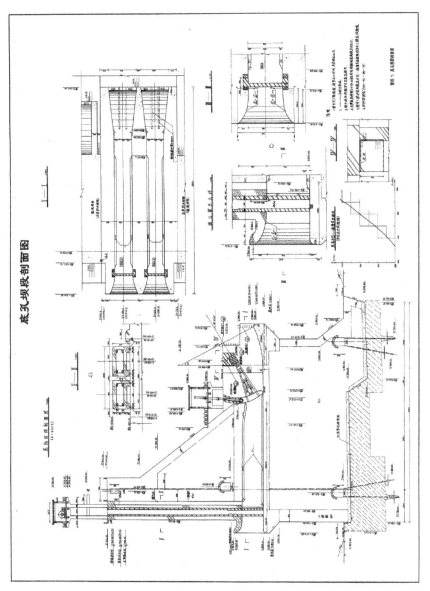

图 7-5　泄流冲沙底孔坝段剖面图

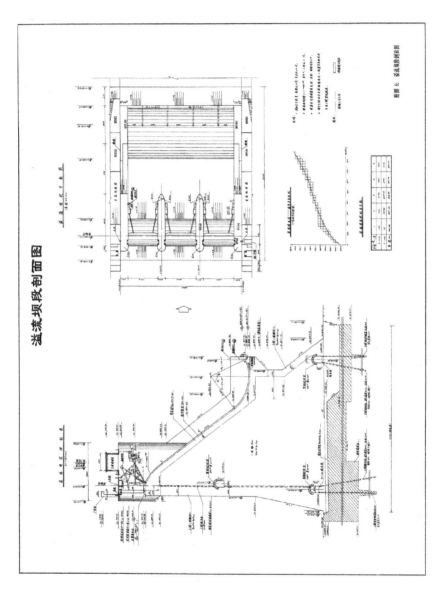

图7-6 溢流坝段剖面图

7.3 坝基础及地形

7.3.1 地形地貌

坝址区为中山峡谷地形,地形高差大于 300 m。坝线选在汾河的较平直段,该处河流流向 NE44°,河床高程 856.00 m,宽 125.00 m,两岸谷坡基本对称,下部谷坡近直立,往上逐渐变缓,高程 910.00 m 以上谷坡平缓。此段左岸发育二条较大冲沟,沟间分布Ⅲ级阶地,阶面高程 900.00～960.00 m,基座型,基座高程 895.00～897.00 m。Ⅰ、Ⅱ级堆积阶地分布于坝址下游。

7.3.2 地层岩性

河床覆盖砂砾石层,厚 26～28 m。Ⅲ级阶地堆积物厚度近 40 m,底部 2～3 m 为砂砾石,上部 5～31 m 为块碎石夹中细砂透镜体,表层 1～3 m 为壤土。两岸高程 940.00 m 以下基岩为奥陶系下统白云岩夹薄层状泥质白云岩,河床高程 830.00 m 以下为寒武系上统白云岩。

7.3.3 地质构造

坝址位于 NE 向悬泉寺短轴背斜的 NW 翼,地层产状 285°～300°/SW∠2°～4°。发育高倾角断层 4 条,其中 F_9、F_{10} 分别分布于大坝坝踵和坝趾附近,产状 300°～318°/SW∠75°～84°,F_9 规模较小,构造岩宽 1～5 cm,方解石及泥钙质胶结;F_{10} 岸边部分规模较小,宽 0.3 m;河床部分由 4 条宽 10～50 cm 小断层组成断层束,构成 10 m 宽的破碎带。

此外发育 NE 向缓倾角小断层 7 条,其中 F_1、F_2 分布河床,产状 46°/SE∠7°～10°。构造岩宽 0.1～0.9 m,充填碎石、岩屑、夹泥等。其余 5 条分布岸坡上,构造岩宽 1～40 cm 不等。构造裂隙有 5 组,走向分别为 NWW、NW、NNE、NE、NEE 倾角陡立。

7.3.4 水文地质条件

岩体透水性与岩性关系密切,白云岩岩溶化程度较低,一般多为溶隙和孤立的小溶孔,但沿层面可见到小溶洞成层分布现象,在坝基开挖编录图上,两岸可见

4 层,分布高程在 846.00 m、856.00 m、866.00 m、875.00 m 附近。钻孔压水资料,两岸除表部 20 m 较大外,透水率一般小于几个 Lu,河床浅部透水率 0.2~1 300 Lu,在高程 785.00~790.00 m 处发育岩溶通道,透水率为 4 500~5 800 Lu。两岸地下水补给河床,但地下水位甚低,水力坡降仅为 0.5%~1.5%。

7.3.5 岩石物理力学指标

坝基寒武系上统白云岩的物理力学指标:容重 27.7~28.4 kN/m³;饱和吸水率 0.13%~1.40%;饱和抗压强度 95.59~179.60 MPa;软化系数 0.67~0.93。奥陶系下统白云岩的物理力学指标:容重 27.0~28.3 kN/m³;饱和吸水率 0.12%~0.83%;饱和抗压强度 67~239 MPa;软化系数 0.56~0.86。寒武系上统及奥陶系下统各层白云岩的物理力学指标虽有差异,但都属坚硬岩类。

7.4 大坝及结构现场图

图 7-7　大坝下游坝面

图 7-8 坝顶路面

图 7-9 大坝上游坝面

图 7-10 溢流表孔溢流面

图 7-11 溢流表孔挑流坎

图 7-12 溢流表孔闸墩下游侧

图 7-13 溢流表孔闸墩上游侧

8 严寒条件下某寒冷地区水库 大坝抗滑稳定安全分析

岩基上的重力坝主要依靠其自身重量在地基上产生的摩擦力以及坝与地基之间的凝聚力来抵抗坝前的水推力,以保持抗滑稳定。在任何可能出现的荷载组合情况下,重力坝都应保持稳定。稳定分析是重力坝设计的一项重要内容。由于影响抗滑稳定的因素太多,使研究抗滑稳定问题变得极为复杂,迄今为止还没有成形的公认的理论,因此,有必要做进一步工作来分析重力坝的抗滑稳定问题。各国的规范都规定在岩基上进行重力坝设计时必须审查大坝沿坝基面的抗滑稳定问题,保证坝体不沿建基面滑动,并有一定的安全裕度。如果地基基岩坚固完整,一座按照近代理论设计、用近代技术建设起来的大坝,绝少可能发生整体失稳问题,设计中我们只须核算沿建基面的稳定性。但是若坝基内存在不利的软弱面,则往往会成为影响坝体安全的关键问题,在设计时不仅要核算沿建基面的稳定性,更须验算坝体带动一部分基岩沿软弱面失稳的可能性,这种问题为重力坝的深层抗滑稳定问题[1]。

要注意的是,这种问题并不是个别的。根据不完全统计,目前在我国已建和正在设计施工的、坝基有软弱夹层或较大断层的 90 余座混凝土大坝中,由于未能及时发现坝基中的软弱夹层问题,因此而改变设计、降低坝高、增加工程量或后期加固的就有 30 余座,有的因此而停工,改变坝址或限制库水位。当坝基内存在不利的地质缺陷时,深浅层抗滑稳定分析及安全度分析常成为坝体设计中的一个十分重要而普遍的步骤。随着水利资源的不断开发利用,坝址地质条件会越来越复杂,这个问题就显得更加突出。

目前关于重力坝深浅层抗滑稳定分析,国内外主要采用整体宏观的半经验法,安全系数只是抗滑稳定安全的一个指标,并不是真正的安全系数。抗滑稳定分析的设计原则,连同计算方法的确定、抗剪参数的选择以及安全判据的运用是互相配套的,在很大程度上仍取决于经验和判断,因此需要在总结以往经验的基础上,采用合适的先进技术和科技成果,研究改进和完善坝基深浅层抗滑稳定的分析和设计工作。

目前国内外一般都采用刚体极限平衡法、有限元电算法、地质力学模型试验以及分项系数法、可靠度分析等来核算坝基有软弱夹层的混凝土重力坝的深浅层抗滑稳定问题。

刚体极限平衡法是将滑移的各块岩体视为刚体,考虑滑移体上力的平衡,根据滑移面上的静力平衡条件对滑动块体的安全度作笼统的整体分析。刚体极限平衡法应用非常广泛,它具有很多优点:概念清楚、计算简便、工作量小、可以手算、易于掌握、任何规模都可采用、有丰富的工程经验,而且有比较成熟的与之配套的设计准则。当滑移面为单一平面时,该法能较合理地确定重力坝的稳定性。刚体极限平衡法也有缺陷,如它只能对坝基的抗滑稳定性作笼统的分析,不能确定滑动块体的位移和滑裂面上的应力分布,因而也不能探索破坏的机理及其变化发展过程;滑动面也要先假定,通过试算才能找出最危险的滑动面;计算荷载要合理地确定,滑动面、抗力面的抗剪断试验参数的可靠性与计算方法的合理性应密切配套,否则对结果影响很大;当滑动面是多层次时,情况就变得更复杂,还要将可能出现的滑移通道逐个进行试算,以确定控制的滑动面,试算工作量相当大,同时,试算过程中无法考虑软弱夹层间的相互影响,使得计算结果的可用性变得更差。由于刚体极限平衡法是基于滑动面上的所有点同时进入滑动状态的,这与实际情况不符。尽管刚体极限平衡法不能对坝基的抗滑稳定安全度做出准确的评价,但它是经过工程实践检验的,所以目前是计算坝基深浅层抗滑稳定最基本的方法。

对于重要的工程,特别针对一些坝基深处的抗滑稳定问题较严重的情况,除刚体极限平衡法外,常常要进行有限元分析与模型试验作为校核、验证或深入研究的手段。目前,有限单元法已成为分析复杂地基问题的有力工具,它不但可以分析断层、节理等地质缺陷的影响,而且可以将水工建筑物的应力、变形、渗流和稳定问题等结合在一起分析,由此了解整个系统的破坏机理。应用非线性有限元法可以对具有软弱夹层地基上坝体深层的抗滑稳定这个复杂问题作出较深入的探索,通过分析可以较可靠地确定地基内的应力及变形情况,了解沿软弱带的破坏区域和错动值,确定最危险的滑动通道,研究一些加固措施的效果,并确定最终的安全系数和阐明失稳发展的机理。采用有限元法的问题是应力、变位大小与网格划分有关,不易确定大坝的安全度指标,在应力奇点,应力趋于集中,网格愈密应力集中程度愈高;并且由于各工程的复杂性和有限元法计算程序的差异性,目前尚无对坝体及坝基的位移应力值的统一量化标准,对于有限元法计算深浅层抗滑稳定也没有统一的标准。

20世纪70年代发展起来的地质力学模型试验方法能分析地基及地基下的结构的破坏形态、破坏机理及稳定性等问题,是一种很直观的的分析方法。这种建立在相似理论基础之上的试验方法,可以直接观察滑移面的破坏过程,并为其他计算方法假定的滑移面、单元划分、加载措施等提供参考。模型试验要求模型和原型线性尺寸成比例;模型材料的物理力学性质及变形特性与原型相似;荷载条件与边界条件相似。近年来地质力学模型研究在模型材料、模拟技术和试验方法等方面取得了突破性进展。在模型材料方面,经过多年的研究,已经解决了坝基与岩体自重材料的模拟,解决了非正交裂隙岩体及软弱岩体模拟的难题。在模拟技术方面,目前已能较真实地模拟岩体中的断层、破裂带及软弱带和主要的节理裂隙组,能体现岩体的复杂的力学特征。地质力学模型试验法是研究坝体及地基应力、变位和失稳问题的一种重要手段,但要用模型试验研究抗滑稳定问题有一定的困难,它一般只能得到超载安全度。而且地质力学模型实验法费工费时,费用也大。

分项系数法的设计表达式由一组分项系数和基本变量代表值所组成,它们反映了由各种原因产生的不定性、变异性的影响。分项系数极限状态设计方法与传统的单一安全系数或多项系数设计方法有本质上的不同,它的各种分项系数都是根据可靠度理论并与规定的目标可靠指标相联系,经优选而确定的。采用这一方法设计的计算结果隐含地反映了规定的可靠度水平。

可靠度分析法是基于概率统计理论的不确定性分析方法。它研究结构在规定时间内完成预定功能的能力。其主要特点是将作用的荷载、荷载效应以及抗力和物理力学参数都当作随机变量,通过统计特性的分析和检验,确定分布类型,然后用结构分析方法建立大坝的极限状态方程,从中求坝体的失效概率 P_i 和可靠度指标 β。它通常分下面三个步骤进行:①统计分析;②建立大坝失稳模式及其极限状态方程;③计算失效概率 P_i 或可靠度指标 β。可靠度理论应用于重力坝抗滑稳定安全度评估中,将一些主要参数作为随机变量处理,因此该法比安全系数法更能反映实际。但是,随机变量和不确定性因素的分布又在很大程度上影响着分析计算的结果,因为实际中常常不能得到足够多的样本,这使得一些变量的概率分布以一定经验值来推求,所以要成功运用可靠度理论来解决实际问题需要大量的实验资料。另一方面建立恰当的功能函数是可靠度计算分析的关键,然而实际工程中,功能函数常常不能以显函数的方式来表达,这使得计算变得非常复杂或难以进行下去。因此用此法评价安全度时,精度不高,甚至无法使用。此外,一些基于数理统计理论的寻求最危险滑动面、优势结构面的方法以及基于人工神经网络理论的神经网络预测模型都逐步应用在重力坝抗滑稳定分析中。

块体单元法的基本假定是把各个块体单元视作刚体,其受力后只产生刚体位移而不产生变形,而各种软弱结构面则具有一定的变形和强度特性。对重力坝而言,可以将坝体视作与坝基岩块一样,即作为刚体对待。还可以根据需要,在块体中人为地设置一些虚拟的"软弱结构面"。这些虚拟的"软弱结构面"在进行块体单元法计算时应采用其实际的变形和强度参数。西安理工大学的王瑞骏等提出了一套基于块体-弹塑性结构面材料模型进行重力坝抗滑稳定分析的块体单元法[2]。由于块体单元法只需对被虚拟"软弱结构面"切割或划分形成的坝基岩块块体及某些坝体块体建立平衡方程,因而方程个数和未知量的数目可以大大减少,计算效率可以大大提高,还具有较高的计算精度。

石根华提出的不连续变形分析法将每一个完整的块体作为一个单元,将节理、裂隙、断层等构造面和不同材料分区的界面等作为块体的边界,块体与块体之间用法向弹簧及剪切弹簧连接,从而将被不连续面所切割的块体系统连成一个整体进行计算。块体与块体之间的接触力,即法向及剪切弹簧上的力能精确地满足平衡条件,由该法向及切向力和摩尔-库仑准则可以精确地求出沿软弱面或不连续面的抗剪断安全系数分布。不连续变形分析法在模拟重力坝的破坏过程方面也有很强的能力,因此在重力坝稳定安全分析中,不连续变形分析法是一种有发展潜力的方法。张国新等人将石根华原来的不连续变形分析法作了扩展,推导了水压力、扬压力荷载以及抗滑稳定局部、整体安全系数的求解方法并编制了相应的程序。经扩展的不连续变形分析法能够以较高精度求出沿各可能滑裂面的安全系数。当对可能的滑裂面设置抗拉抗剪强度并等比例加大外荷载或降低强度参数时,不连续变形分析方法还可以模拟大坝及基础的破坏过程,从而为重力坝抗滑稳定安全分析提供了一种能同时得到局部安全系数分布和整体安全系数的新方法[3]。

张发明、陈祖煜等基于塑性力学上限解的基本理论,将边坡稳定性评价的三维极限分析方法应用于坝基抗滑稳定分析中,通过将滑体离散为一系列具有倾斜界面的条柱体,并假定滑体中存在一个"中性面",在这个面上,滑体的速度均与这个面一致,然后计算条柱体体系的协调速度场,就可以方便地求出滑体的稳定系数。由于该方法考虑了滑动面的三维特征及滑体内部的相互作用,可以较好地反映滑体失稳的机理。同时,避免了求解大规模的线性方程组的困难,为解决实际工程稳定问题提供了方便的方法,适用于具有显著三维滑动效应的坝基抗滑稳定性评价[4]。

李新民、王开治等将塑性极限分析应用到拱坝设计中,王开治、王均星等将此方法用于重力坝极限承载力分析,他们将有限元法的思想和塑性力学分析法相结合,用上下限法进行塑性极限分析,形成了一套完整的理论体系[5]。王志良在岩基抗滑稳定分析极限平衡法中考虑了岩体软弱夹层塑性性质[6]。沈文德、沈保康用刚塑性极限平衡理论分析了夹层地基的极限平衡状态,求得了抗力体的破坏范围、滑动面形状、抗力大小以及抗滑稳定安全系数[7]。

8.1 材料力学法

材料力学中摩擦公式法(抗剪强度公式)的基本观点是把滑动面看成是一种接触面,而不是胶结面。滑动面上的阻滑力只计摩擦力,不计凝聚力。实际工程中的坝基面可能是水平面,也可能是倾斜面,如图 8-1 所示。

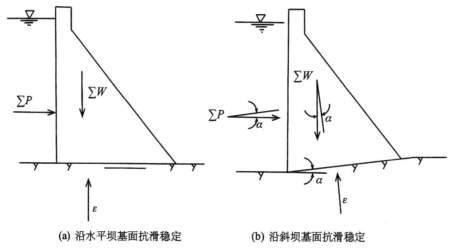

(a) 沿水平坝基面抗滑稳定　　　**(b) 沿斜坝基面抗滑稳定**

图 8-1　重力坝沿坝基面抗滑稳定计算示意图

当滑动面为水平面时,其抗滑稳定安全系数可按《混凝土重力坝设计规范》(SL 319—2018)[8]中的公式计算

$$K = \frac{阻滑力}{抗滑力} = \frac{f(\sum W - N)}{\sum P} \tag{8-1}$$

式中,$\sum W$ 为作用于滑动面以上的力在铅直方向投影的代数和(kN/m);$\sum P$

为作用于滑动面以上的力在水平方向投影的代数和(kN/m)；N 为作用于滑动面上的扬压力(kN/m)；f 为滑动面上的摩擦系数；K 为按摩擦公式计算的抗滑稳定安全系数。

当滑动面为倾向上游的倾斜面时,计算公式为

$$K = \frac{f\left(\sum W \sin\alpha - N + \sum P \sin\alpha\right)}{\sum P \sin\alpha - \sum W \sin\alpha} \tag{8-2}$$

式中,α 为滑动面与水平面的夹角,以破坏面倾向下游取正值。其他符号同前,但要注意扬压力 N 应垂直于所计算的滑动面。

1) 某寒冷地区水库大坝抗滑稳定计算断面选取

根据不同地质及坝基开挖情况,共选取 6 个工况 4 个断面,其中 0+040 和 0+073(左岸挡水坝段)、0+091.8(底孔坝段)三个断面位于坝址开挖齿槽且 F10 断层进行挖除的坝段,计算中考虑下游岩体的抗力作用；0+125(溢流坝段)断面位于坝址齿槽但 F10 断层未处理的坝段。

2) 计算荷载与组合

计算荷载为不同计算情况下坝体的混凝土自重、基岩自重、水压力、淤沙压力、扬压力、风浪压力、冰压力及地震力(坝区地震烈度为 7°)。

(1) 坝体自重

混凝土容重 24 kN/m³,白云岩容重 27.0 kN/m³；

(2) 静水压力

某寒冷地区水库坝顶高程 912.00 m,最大坝高 88.00 m,防洪标准按 100 年一遇洪水设计,按 1 000 年一遇洪水校核,水库正常蓄水位 905.00 m,死水位 885.00 m,汛限水位 905.70 m,设计洪水位 907.32 m,校核洪水位 909.92 m。计算所用特征水位见表 8-1,水的重度采用 9.81 kN/m³。

表 8-1　水库运行期特征水位表

	上游水位(m)	相应下游水位(m)
正常蓄水位	905.00	855.70
设计洪水位	907.32	860.60
校核洪水位	909.92	863.00

（3）扬压力

相应于正常蓄水位及设计洪水位时的扬压力，计算简图如图 8-2 所示。图中 H_1 及 H_2 为上下游水深，a_1、a_2 分别为扬压力折减系数及残余扬压力系数，河床坝段 $a_1=0.2$，岸坡坝段 $a_1=0.35$；$a_2=0.3$。

图 8-2　扬压力计算简图

（4）淤沙压力

淤沙浮容重取 8.0 kN/m³，内摩擦角取 12°，坝前淤沙高程取值如表 8-2 所示。

表 8-2　各坝段坝前淤沙设计高程

坝段	高程（m）
挡水坝段	875.00
泄流冲沙底孔坝段	870.00
溢流坝段	875.00

（5）冰压力

对于严寒地区，考虑到冬季结冰影响，抗滑力包括冰推力和水压力两项。根据某寒冷地区水库历年气温资料分析，2020 年冬季是近年来较冷的，按《水工建筑物抗冰冻设计规范》（GB/T 50662—2011），水库冰厚可按式 $h_i=\varphi_i\sqrt{I_m}$ 计算[4]，其中，h_i 为水库冰厚（m）；φ_i 为冰厚系数，可取 0.022～0.026（严寒地区宜取大值）；I_m 为历年最大冻结指数（℃·d）。

2020 年冬季某寒冷地区水库气温数据如图 8-3 所示，冰厚系数 φ_i 取上限值 0.026，则某寒冷地区水库冰厚为 $h=0.026\sqrt{391.6}=0.51$ m。

《水工建筑物抗冰冻设计规范》（GB/T 50662—2011）中综合提出了静冰压力水平方向作用于坝面或其他宽长建筑物上，按冰厚确定的静冰压力取值。冰层升温膨胀时水平方向作用于坝面或其他宽长建筑物上的静冰压力值可按表6-2查得。表 6-2 中冰压力值对库面狭小的水库和库面开阔的大型平原水库应分别乘以 0.87 和 1.25 的系数;冰厚取多年平均最大值;表中所列冰压力值系水库在结冰期内水位基本不变情况下的压力,表中静冰压力值可按冰厚内插。静冰压力作用点应取冰面以下冰厚 1/3 处。

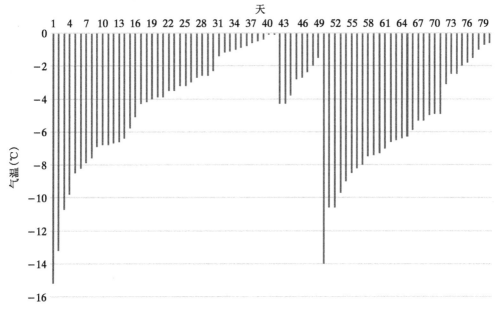

图 8-3 2020 年某寒冷地区水库坝区冬季日平均气温

根据某寒冷地区水库 0.51 m 的冰厚计算,并按照库面开阔的大型平原水库考虑,即在表 6-2 数值内插的基础上乘 1.25 的系数,得某寒冷地区水库静冰压力为 $F = 1.25 \times (85 + 48) = 166.25$ kN/m。

《水工建筑物抗冰冻设计规范》(GB/T 50662—2011)给出了大冰块运动作用在铅直的坝面或其他宽长建筑物上的动冰压力计算公式:

$$F_i = 0.07 v h_i \sqrt{A f_{ic}} \tag{8-3}$$

式中,F_i 为冰块撞击建筑物时产生的动冰压力(MN);v 为冰块运动速度(m/s),宜按现场观测资料确定,无现场观测资料时,对于河(渠)冰可取水流速度;对于水库冰可取历年冰块运动期最大风速的 3%,但不宜大于 0.6 m/s;对于过冰建筑物可取建筑物前水流行进流速;h_i 为流冰厚度(m),可取最大冰厚的 70%~80%,流冰初期取大值;A 为冰块面积(m²),由现场观测或调查确定;f_{ic} 为冰的抗压强度(MPa),宜根据流冰条件和试验确定。无试验资料时,宜根据已有工程经验和下列抗压强度值综合确定：对于水库流冰期可取 0.3 MPa；对于河流流冰初期可取 0.45 MPa，流冰后期高水位时可取 0.3 MPa。

根据某寒冷地区水库情况，冰块运动速度取 0.6 m/s，单位坝段长度冰块面积取 0.51 m^2，冰的抗压强度取 0.3 MPa，计算得某寒冷地区水库动冰压力 $F_i = 0.07 \times 0.6 \times 0.51\sqrt{0.51 \times 0.3} = 8.38$ kN/m。

计算工况包括以下荷载组合：

① 工况 1：正常蓄水位上下游静水压力＋坝体自重＋扬压力＋淤沙压力＋静冰压力。

② 工况 2：设计洪水位上下游静水压力＋坝体自重＋扬压力＋淤沙压力＋静冰压力。

③ 工况 3：校核洪水位上下游静水压力＋坝体自重＋扬压力＋淤沙压力＋静冰压力。

④ 工况 4：正常蓄水位上下游静水压力＋坝体自重＋扬压力＋淤沙压力＋动冰压力。

⑤ 工况 5：设计洪水位上下游静水压力＋坝体自重＋扬压力＋淤沙压力＋动冰压力。

⑥ 工况 6：校核洪水位上下游静水压力＋坝体自重＋扬压力＋淤沙压力＋动冰压力。

3）计算结果与分析

（1）工况 1 下即在正常蓄水位上下游静水压力＋坝体自重＋扬压力＋淤沙压力＋静冰压力作用下各断面计算结果（取单位长度坝段）如下：

① 断面 0＋040（左岸挡水坝段），竖向荷载中，坝体本身自重 1 379.3×10^4 N，坝基扬压力 526.8×10^4 N；水平荷载中，上游水压力 612.5×10^4 N，泥沙压力 10.0×10^4 N，静冰压力 16.6×10^4 N。

② 断面 0＋073（左岸挡水坝段），竖向荷载中，坝体本身自重 6 562.5×10^4 N，坝基扬压力 1 374.2×10^4 N；水平荷载中，上游水压力 3 042.0×10^4 N，下游水压力 411.8×10^4 N，泥沙压力 921.6×10^4 N，静冰压力 16.6×10^4 N。

③ 断面 0＋091.8（底孔坝段），竖向荷载中，坝体本身自重 6 505.1×10^4 N，坝基扬压力 1 496.5×10^4 N；水平荷载中，上游水压力 2 888.0×10^4 N，下游水压力 356.4×10^4 N，泥沙压力 846.4×10^4 N，静冰压力 16.6×10^4 N。

④ 断面 0＋0125（溢流坝段），竖向荷载中，坝体本身自重 6 426.9×10^4 N，坝

基扬压力 1 311.4×10⁴ N;水平荷载中,上游水压力 3 037.5×10⁴ N,下游水压力 411.8×10⁴ N,泥沙压力 921.6×10⁴ N,静冰压力 16.6×10⁴ N。

(2)工况 2 下即在设计洪水位上下游静水压力+坝体自重+扬压力+淤沙压力+静冰压力作用下各断面计算结果(取单位长度坝段)如下:

① 断面 0+040(左岸挡水坝段),竖向荷载中,坝体本身自重 1 379.3×10⁴ N,坝基扬压力 561.67×10⁴ N;水平荷载中,上游水压力 696.39×10⁴ N,泥沙压力 10.0×10⁴ N,静冰压力 16.6×10⁴ N。

② 断面 0+073(左岸挡水坝段),竖向荷载中,坝体本身自重 6 562.5×10⁴ N,坝基扬压力 1 661.06×10⁴ N;水平荷载中,上游水压力 3 225.65×10⁴ N,下游水压力 531.38×10⁴ N,泥沙压力 921.6×10⁴ N,静冰压力 16.6×10⁴ N。

③ 断面 0+091.8(底孔坝段),竖向荷载中,坝体本身自重 6 505.1×10⁴ N,坝基扬压力 1 710.48×10⁴ N;水平荷载中,上游水压力 3 067.01×10⁴ N,下游水压力 468.18×10⁴ N,泥沙压力 846.4×10⁴ N,静冰压力 16.6×10⁴ N。

④ 断面 0+0125(溢流坝段),竖向荷载中,坝体本身自重 6 426.9×10⁴ N,坝基扬压力 1 714.56×10⁴ N;水平荷载中,上游水压力 3 211.5×10⁴ N,下游水压力 531.38×10⁴ N,泥沙压力 921.6×10⁴ N,静冰压力 16.6×10⁴ N。

(3)工况 3 下即在校核洪水位上下游静水压力+坝体自重+扬压力+淤沙压力+静冰压力作用下各断面计算结果(取单位长度坝段)如下:

① 断面 0+040(左岸挡水坝段),竖向荷载中,坝体本身自重 1 379.3×10⁴ N,坝基扬压力 600.8×10⁴ N;水平荷载中,上游水压力 796.8×10⁴ N,泥沙压力 10.0×10⁴ N,静冰压力 16.6×10⁴ N。

② 断面 0+073(左岸挡水坝段),竖向荷载中,坝体本身自重 6 562.5×10⁴ N,坝基扬压力 1 742.39×10⁴ N;水平荷载中,上游水压力 3 437.86×10⁴ N,下游水压力 648.0×10⁴ N,泥沙压力 921.6×10⁴ N,静冰压力 16.6×10⁴ N。

③ 断面 0+091.8(底孔坝段),竖向荷载中,坝体本身自重 6 505.1×10⁴ N,坝基扬压力 1 785.13×10⁴ N;水平荷载中,上游水压力 3 274.02×10⁴ N,下游水压力 578.0×10⁴ N,泥沙压力 846.4×10⁴ N,静冰压力 16.6×10⁴ N。

④ 断面 0+0125(溢流坝段),竖向荷载中,坝体本身自重 6 426.9×10⁴ N,坝基扬压力 1 803.14×10⁴ N;水平荷载中,上游水压力 3 406.5×10⁴ N,下游水压力 648.0×10⁴ N,泥沙压力 921.6×10⁴ N,静冰压力 16.6×10⁴ N。

(4)工况 4 下即在正常蓄水位上下游静水压力+坝体自重+扬压力+淤沙

压力+动冰压力作用下各断面计算结果(取单位长度坝段)如下:

① 断面0+040(左岸挡水坝段),竖向荷载中,坝体本身自重1 379.3×10^4 N,坝基扬压力526.8×10^4 N;水平荷载中,上游水压力612.5×10^4 N,泥沙压力10.0×10^4 N,动冰压力17.4×10^4 N。

② 断面0+073(左岸挡水坝段),竖向荷载中,坝体本身自重6 562.5×10^4 N,坝基扬压力1 374.2×10^4 N;水平荷载中,上游水压力3 042.0×10^4 N,下游水压力411.8×10^4 N,泥沙压力921.6×10^4 N,动冰压力17.4×10^4 N。

③ 断面0+091.8(底孔坝段),竖向荷载中,坝体本身自重6 505.1×10^4 N,坝基扬压力1 496.5×10^4 N;水平荷载中,上游水压力2 888.0×10^4 N,下游水压力356.4×10^4 N,泥沙压力846.4×10^4 N,动冰压力17.4×10^4 N。

④ 断面0+0125(溢流坝段),竖向荷载中,坝体本身自重6 426.9×10^4 N,坝基扬压力1 311.4×10^4 N;水平荷载中,上游水压力3 037.5×10^4 N,下游水压力411.8×10^4 N,泥沙压力921.6×10^4 N,动冰压力17.4×10^4 N。

(5) 工况5下即在设计洪水位上下游静水压力+坝体自重+扬压力+淤沙压力+动冰压力作用下各断面计算结果(取单位长度坝段)如下:

① 断面0+040(左岸挡水坝段),竖向荷载中,坝体本身自重1 379.3×10^4 N,坝基扬压力561.67×10^4 N;水平荷载中,上游水压力696.39×10^4 N,泥沙压力10.0×10^4 N,动冰压力17.4×10^4 N。

② 断面0+073(左岸挡水坝段),竖向荷载中,坝体本身自重6 562.5×10^4 N,坝基扬压力1 661.06×10^4 N;水平荷载中,上游水压力3 225.65×10^4 N,下游水压力531.38×10^4 N,泥沙压力921.6×10^4 N,动冰压力17.4×10^4 N。

③ 断面0+091.8(底孔坝段),竖向荷载中,坝体本身自重6 505.1×10^4 N,坝基扬压力1 710.48×10^4 N;水平荷载中,上游水压力3 067.01×10^4 N,下游水压力468.18×10^4 N,泥沙压力846.4×10^4 N,动冰压力17.4×10^4 N。

④ 断面0+0125(溢流坝段),竖向荷载中,坝体本身自重6 426.9×10^4 N,坝基扬压力1 714.56×10^4 N;水平荷载中,上游水压力3 211.5×10^4 N,下游水压力531.38×10^4 N,泥沙压力921.6×10^4 N,动冰压力17.4×10^4 N。

(6) 工况6下即在校核洪水位上下游静水压力+坝体自重+扬压力+淤沙压力+动冰压力作用下各断面计算结果(取单位长度坝段)如下:

① 断面0+040(左岸挡水坝段),竖向荷载中,坝体本身自重1 379.3×10^4 N,坝基扬压力600.8×10^4 N;水平荷载中,上游水压力796.8×10^4 N,泥沙压

力 10.0×10^4 N,动冰压力 17.4×10^4 N。

② 断面 0+073(左岸挡水坝段),竖向荷载中,坝体本身自重 6 562.5×10^4 N,坝基扬压力 1 742.39×10^4 N;水平荷载中,上游水压力 3 437.86×10^4 N,下游水压力 648.0×10^4 N,泥沙压力 921.6×10^4 N,动冰压力 17.4×10^4 N。

③ 断面 0+091.8(底孔坝段),竖向荷载中,坝体本身自重 6 505.1×10^4 N,坝基扬压力 1 785.13×10^4 N;水平荷载中,上游水压力 3 274.02×10^4 N,下游水压力 578.0×10^4 N,泥沙压力 846.4×10^4 N,动冰压力 17.4×10^4 N。

④ 断面 0+0125(溢流坝段),竖向荷载中,坝体本身自重 6 426.9×10^4 N,坝基扬压力 1 803.14×10^4 N;水平荷载中,上游水压力 3 406.5×10^4 N,下游水压力 648.0×10^4 N,泥沙压力 921.6×10^4 N,动冰压力 17.4×10^4 N。

将上述计算结果代入抗剪强度公式(8-1)可计算得其抗滑稳定安全系数,各断面按摩擦公式计算的抗滑稳定安全系数如表 8-3 所示。

表 8-3 各断面按摩擦公式计算的抗滑稳定安全系数计算结果

荷载组合	断面位置			
	0+040	0+073	0+091.8	0+0125
工况 1	1.06	1.13	1.18	1.15
工况 2	0.90	1.08	1.08	1.04
工况 3	0.76	1.03	1.06	1.00
工况 4	1.06	1.13	1.18	1.15
工况 5	0.90	1.08	1.08	1.04
工况 6	0.76	1.03	1.06	1.00

注:摩擦系数 f 取值 0.8。

计算结果表明:

① 基本荷载组合情况下,所取坝段的抗滑稳定安全系数均大于 1.05,满足规范要求;

② 特殊荷载组合情况下,除了岸坡坝段(断面 0+040)外,所取坝段的抗滑稳定安全系数均不低于 1.0,也能满足规范要求;

③ 鉴于动冰压力数值较小,在抗滑稳定安全计算中影响有限。

8.2 规范方法

8.2.1 规范公式及其扩展应用

规范中抗剪断强度公式法认为坝体与基岩胶结良好,滑动面上的阻滑力包括摩擦力和凝聚力,并直接通过胶结面的抗剪断试验确定抗剪断强度的参数 f' 和 c'。其抗滑稳定安全系数根据《混凝土重力坝设计规范》(SL 319—2018)由下式计算

$$K' = \frac{f'\left(\sum W - N\right) + c'A}{\sum P} \tag{8-4}$$

式中,f' 为坝体与坝基连接面的抗剪断摩擦系数;c' 为坝体与坝基连接面的抗剪断凝聚力(kN/m^2);A 为坝体与坝基连接面的面积(m^2);K' 为按抗剪断公式计算的抗滑稳定安全系数。

$\sum P$ 和 $\sum W$ 都与坝高的平方成正比,而坝底混凝土与岩基面的凝聚力 c' 只与坝高成正比。因此,使用该公式核算坝的抗滑稳定时,凝聚力对较低的坝抗滑稳定所起的作用比较高的坝更大。

抗剪断强度中的参数之一的摩擦角 φ 或摩擦系数 f' 是一个比较固定的数值。它主要受材料风化、构造断裂和时间等因素的影响,变化不大,即 φ 值具有比较好的稳定性。而另一个抗剪断参数凝聚力 c' 本质上是岩石内连续性和剪切面不平整度的反映,天然岩石内存在着各种变化不定的不连续结构和不平整度,因此 c' 值也相应表现出变化不定的性质。

由于抗剪断参数 f' 和 c' 的大小对抗滑稳定有很大影响,因此必须与抗滑稳定计算公式、荷载组合配套。表 8-4 给出了《混凝土重力坝设计规范》(SL 319—2018)规定的容许安全系数,并规定当坝基内不存在可能导致深层滑动的软弱面时,应按抗剪断强度公式计算。其抗剪断参数的选取原则是在大中型工程的规划、可行性研究报告阶段以及中型工程中的中低坝无条件进行野外试验时,可参照规范附表的抗剪断参数参考值选用,在可研报告以后的设计阶段,应以野外试验测定的峰值小值平均值为基础,由地质、设计共同分析研究加以确定。对中型工程的中、低坝,为安全计,也可按摩擦公式计算,此时的摩擦系数应参考野外试

验成果的屈服极限值塑性破坏或比例极限值脆性破坏以及室内试验成果确定。

表 8-4　重力坝沿建基面及深层抗滑稳定安全系数规定值

荷载组合		大坝级别		
		1	2	3
K	基本组合	1.10	1.05	1.05
	特殊组合(1)	1.05	1.00	1.00
	特殊组合(2)	1.00	1.00	1.00
K'	基本组合	3.0		
	特殊组合(1)	2.5		
	特殊组合(2)	2.3		

　　在研究重力坝的抗滑稳定性时,坝体与地基的接触面(建基面)当然是一个主要的核算面。但是,在很多的情况下,最危险的面往往在地基内部。因为,基岩内经常有各种型式的软弱面存在,当它们的产状利于其上建筑物滑动时,便很容易成为控制因素。这时,坝体将带动一部分基岩沿这些软弱面滑动。沿坝基岩体软弱结构面的深层抗滑稳定问题,自 20 世纪 60 年代以来已引起各国的普遍重视。据不完全统计,我国修建的近 100 座大中型水利水电工程中,几乎有1/3的坝址区都或多或少遇到这方面的问题。国外所发生的重力坝沿地基内软弱夹层滑动破坏的例子也不少见,近年来为此而使工程停工、改变坝址或限制库水位的情况仍在发生,国外也有不少因此而发生垮坝的事例,如美国奥斯汀坝,就是沿着地基内被水软化的页岩层面滑动破坏的。我国梅山连拱坝的左坝座,也是沿着倾向河床的缓倾角裂缝面发生位移的。当坝基内存在不利的地质缺陷时,深层抗滑稳定分析及安全度分析常成为坝体设计中的一个十分重要而普遍的问题。

1) 单滑动面抗滑稳定分析

　　此种分析适用于深层滑动面为一简单平面,且单纯地倾向上游或者下游时,如图 8-4 所示。在核算深层滑动时,可以分别按照摩擦公式和抗剪断公式进行计算。计算中将滑动面以上的坝体和地基视作刚体,只需计算出破坏面以上的全部荷载,包括混凝土和岩基

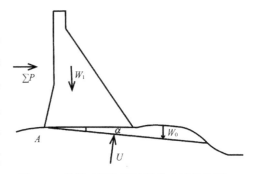

图 8-4　单滑动面深层抗滑稳定计算简图

重量、上游水压力、上游冰压力、破坏面以上的扬压力以及水库水重压力等，并分解为与破坏面平行和正交的分力。

抗剪强度公式

$$K = \frac{f(\sum W \cos\alpha - N - \sum P \sin\alpha)}{\sum P \cos\alpha + \sum W \sin\alpha} \tag{8-5}$$

抗剪断强度公式

$$K' = \frac{f'(\sum W \cos\alpha - N - \sum P \sin\alpha) + c'A}{\sum P \cos\alpha + \sum W \sin\alpha} \tag{8-6}$$

式中，K 为按摩擦公式计算的抗滑稳定安全系数；K' 为按抗剪断公式计算的抗滑稳定安全系数；f 为滑动面上的摩擦系数；f' 为滑动面的抗剪断摩擦系数；c' 为滑动面的抗剪断凝聚力（N/m²）；$\sum W$ 为作用于滑动面以上的力（包括坝体和破坏面上基岩重量，即 $W_1 + W_2$）在铅直方向投影的代数和（kN/m）；$\sum P$ 为作用于滑动面以上的力（包括冰压力、水压力和泥沙压力）在水平方向投影的代数和（kN/m）；N 为作用于滑动面上的扬压力（kN/m）；A 为滑动面的面积（m²）；α 为滑动面与水平面的夹角，以破坏面倾向下游取正值。

应该注意的是，这两种公式的基本概念是完全不同的，按抗剪强度公式计算时，假定接触面上的抗剪断强度已经消失，只依靠在剪断后的摩擦力维持稳定。但抗剪强度公式的根本问题是不符合实际情况，它没有考虑基岩实际存在的胶结和咬合作用。抗剪断强度公式认为滑动面上下材料的胶结良好，可直接通过胶结面的抗剪断试验来求抗剪断强度的两个参数 f' 和 c'，从理论上来说，更为合理。

2）双滑动面深层抗滑稳定计算

在很多实际工程中，由于地基内往往存在多条相互切割交错的断层或软弱夹层，深层滑动面不是一个简单的平面而呈复杂的形状，例如双斜面。这种情况下，抗滑稳定安全系数可比简单滑动面情况有所提高。分析双斜面深层滑动的稳定性时，应首先分析地质资料，拟定最可能的失稳滑动面，并进行验算，从中找出最不利的滑动面组合，进而计算其抗滑稳定安全系数。一般这种破坏面由一条或一组倾向下游的缓倾角软弱面（称为主滑面），以及另一条或一组倾向上游的倾角较陡的软弱面（即辅助滑动面）组成。双滑动面计算简图如图 8-5 所示。

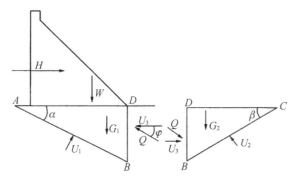

图 8-5　双滑动面深层抗滑稳定计算简图

具有双斜滑动面的深层抗滑稳定的简化计算方法是将滑移体分为两段,分别令其处于极限平衡状态,采用以下三种不同的计算方法:被动抗力法、剩余推力法和等安全系数法来计算坝体的抗滑稳定安全系数。

(1)被动抗力法

假定抗力体的作用充分发挥,先令抗力体 BCD 处于极限平衡状态,取其 $K'_2 = 1$,求得抗力 Q 后,代入式(8-8)计算块体 ABD 沿 AB 面的抗滑稳定安全系数,并作为整个坝段的抗滑稳定安全系数。可用下式表示

$$K'_2 = \frac{f'_2[(G_2\cos\beta + Q\sin(\beta+\varphi) + U_3\sin\beta - U_2)] + c'_2 A_2}{Q\cos(\beta+\varphi) - G_2\sin\beta + U_3\cos\beta} \tag{8-7}$$

$$K'_1 = \frac{f'_1[(G_1 + \sum W)\cos\alpha - \sum P\sin\alpha - Q\sin(\varphi-\alpha) + U_3\sin\alpha - U_1)] + c'_1 A_1}{(G_1 + \sum W)\sin\alpha + \sum P\cos\alpha - Q\cos(\varphi-\alpha) - U_3\cos\alpha}$$

$$\tag{8-8}$$

式中,f'_1、c'_1、f'_2、c'_2 为块体 ABD、BCD 上可能滑动面上的摩擦系数和凝聚力;A_1、A_2 为块体 ABD、BCD 上可能滑动面面积;α、β 为 AB、BC 滑动面与水平面的夹角;U_1、U_2、U_3 为 AB、BC、BD 面上的扬压力;Q 为 BD 面上的抗力;φ 为 BD 面上的抗力与水平面的夹角;$\sum W$ 为作用于块体 ABD 上的总垂直力;$\sum P$ 为作用于块体 ABD 上的总水平力;G_1、G_2 为块体 ABD、BCD 重量。

被动抗力法的理论依据不足,当抗力体提供力较小时,坝体段可能产生较大的位移,导致上游帷幕破坏,无法进行定量分析。

(2)乘余推力法

与被动推力法相反,先令块体 ABD 处于极限平衡状态,其沿主滑面的抗滑

稳定安全系数 $K_1'=1$，求得抗力 Q 后，再代入式(8-7)计算抗力体沿 BC 面的抗滑稳定安全系数 K_2'，K_2' 即可认为是整个坝段的抗滑稳定安全系数。

问题是，当 AB 面上的抗剪能力较大时，用剩余推力法求得的安全系数可能为零或为负值，这是不符合实际情况的，而且为了承受抗力 Q，抗力体可能会产生较大的变形，以至坝趾岩体压碎，计算结果不能反映，因此这种方法已逐渐被淘汰。

(3) 等安全系数法

令块体 ABD 和块体 BCD 同时处于极限平衡状态，分别列出抗滑稳定安全系数 K_1'、K_2'，然后令 $K_1'=K_2'$，求得抗力 Q，再将其代入式(8-7)或式(8-8)中，即可求出整个坝段的抗滑稳定安全系数。

以往在工程设计中，对安全系数稳定法采用试算法，也可通过联立方程求解，可一次求得抗滑稳定安全系数。

$$K_1'=\frac{f_1'\left[(G_1+\sum W)\cos\alpha-\sum P\sin\alpha+U_3\sin\alpha-U_1\right]+c_1'A_1-f_1'Q\sin(\varphi-\alpha)}{(G_1+\sum W)\sin\alpha+\sum P\cos\alpha-Q\cos(\varphi-\alpha)-U_3\cos\alpha}$$
$$(8-9)$$

$$K_2'=\frac{f_2'\left[(G_2\cos\beta+U_3\sin\beta-U_2)\right]+c_2'A_2+f_2'Q\sin(\beta+\varphi)}{Q\cos(\beta+\varphi)-G_2\sin\beta+U_3\cos\beta} \qquad (8-10)$$

$$Q=\frac{f_2'(G_2\cos\beta+U_3\sin\beta-U_2)+c_2'A_2-K_2(U_3\cos\beta-G_2\sin\beta)}{K_2\cos(\beta+\varphi)-f_2'\sin(\beta+\varphi)} \qquad (8-11)$$

令 $M=f_1'\left[(G_1+\sum W)\cos\alpha-\sum P\sin\alpha+U_3\sin\alpha-U_1\right]+c_1'A_1$、$N=(G_1+\sum W)\sin\alpha+\sum P\cos\alpha-U_3\cos\alpha$、$S=f_2'\left[(G_2\cos\beta+U_3\sin\beta-U_2)\right]+c_2'A_2$ 和 $T=U_3\cos\beta-G_2\sin\beta$，由 $K_1'=K_2'$，联立消去 Q 后，得到一元二次方程

$$aK^2+bK+c=0 \qquad (8-12)$$

式中，$a=f_2'\sin(\beta+\varphi)\cos(\varphi-\alpha)-f_1'\sin(\varphi-\alpha)\cos(\beta+\varphi)$，$b=M\cos(\beta+\varphi)-Tf_1'\sin(\varphi-\alpha)+S\cos(\varphi-\alpha)-Nf_2'\sin(\beta+\varphi)$，$c=MT-SN$。

当 $\Delta=b^2-4ac>0$，方程式(8-12)有两个实根，将这两个根代入式(8-11)，舍弃使 $Q<0$ 的根。可以看出如果采用试算法，有可能把合理的根弃掉，因此笔者建议采用联立求解方法，求解一元二次方程，再根据值正负作取舍。

值得注意的是，以上公式的推导是假定坝基滑动面从坝趾垂线下方点开始脱离夹层面的。许多模型实验以及坝基应力分析证明，这种假设与实际不符，因而

计算结果有较大误差。而且计算中面上的抗力方向角也不能准确确定。一般有三种假定：φ 等于岩体内摩擦角，Q 趋近 Q_{max}，K 趋近 K_{max}，为极限状态；$\varphi=0$，即抗力合力的方向保持水平，Q 趋近 Q_{min}，K 趋近 K_{min}，偏安全；$\varphi=\alpha$，即抗力合力与夹层面平行。这三种假定所得结果相差很大。一般 φ 取值越小，得出的成果越偏于安全。Q 的实际方向与受力状态有关，在 $0 \sim \alpha$ 之间，一般取与 AD 平行。实际计算中，偏安全考虑，取 $\varphi=0$ 或 $\varphi=\alpha$。

3）岸坡坝段的抗滑稳定分析

重力坝岸坡坝段的坝基面是一个倾向河床的斜面或折面。除在水压力作用下有向下游的滑动趋势外，在自重作用下还有向河床滑动的趋势。如图 8-6 所示。在三向荷载共同作用下，岸坡坝段的稳定条件比河床坝段差，国外已有岸坡坝段在施工过程中失稳的实例。设岸坡坝段坝基倾斜面与水平面的夹角为 θ，垂直坝基面的扬压力 N，指向下游的水平水压力为 $\sum P$。坝体自重 $\sum W$ 可分解为垂直于倾斜面的法向力 $\sum W\cos\theta$ 和平行于倾斜面的切向力 $\sum W\sin\theta$。该切向分力和水压力合成为滑动力 S，如图 8-6 所示，其数值和该坝段的抗滑安全系数为

$$S=\sqrt{\left(\sum P\right)^2+\left(\sum W\sin\theta\right)^2} \tag{8-13}$$

$$K=\frac{f\left(\sum W\cos\theta-N\right)}{\sqrt{\left(\sum P\right)^2+\left(\sum W\sin\theta\right)^2}} \tag{8-14}$$

或

$$K'=\frac{f'\left(\sum W\cos\theta-N\right)+c'A}{\sqrt{\left(\sum P\right)^2+\left(\sum W\sin\theta\right)^2}} \tag{8-15}$$

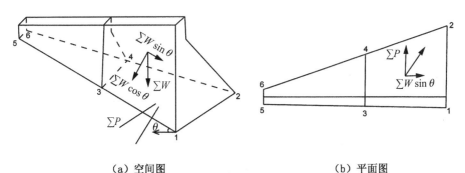

（a）空间图 （b）平面图

图 8-6　岸坡坝段的抗滑稳定分析示意图

123

4) 重力坝深层抗滑稳定的空间分析

如果坝基是均质、完整、坚固的岩体,没有软弱夹层、破碎带等软弱结构面,则重力坝受力明确,因此按平面问题取单宽坝体核算沿坝基面的抗滑稳定安全系数,其结果是比较符合实际的。但如果坝基岩体中存在上述软弱结构面,尤其是缓倾角的连续夹泥或易于泥化的软弱夹层,则重力坝在深层抗滑失稳时的受力特征将完全不同。由于大部分软弱结构面的实际走向与坝轴线并不垂直,而是斜交于某一夹角。这样,当一部分坝体连同其下的岩体在软弱结构面上失稳向下游滑动时,如果两侧的坝体是稳定的,则由于其侧向受到约束,不可能沿软弱结构面的真倾向滑动,而只可能顺河流向滑动,这样,就在滑移体两侧基岩中形成侧裂面,侧裂面上要受到侧向阻力,其中包括摩阻力和黏着力。显然,考虑侧向阻力的作用时,宜对滑动体的抗滑稳定性进行空间分析。

(1) 单滑面抗滑稳定分析

分析方法和计算公式都和二维情况一样,但须注意的是空间分析中,滑动面为空间平面,必须将脱离体以上的所有力分解到与滑动面垂直和平行的三维坐标系中,并且,此时的滑动方向已不再是单纯顺河向,而是受侧向下滑力的影响,与坝轴线斜交,见图 8-7。

如图 8-7 所示,取出脱离体,假设面 α 为脱离体的滑动控制面,N 为所有作用于脱离体上的力在面 α 法线方向的合力,P、Q 分别为所有的力在面内沿 x、y 方向的分量,P、Q 的矢量和即为滑动力 S,滑动的方向为 S 的方向。摩擦公式(抗剪强度公式)可写为

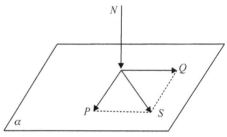

图 8-7　刚体极限平衡法计算整体安全系数简图

$$K = \frac{f_1 N + f_3 N'}{S} = \frac{f_1 N + f_3 N'}{\sqrt{P^2 + Q^2}} \qquad (8-16)$$

若考虑凝聚力的作用,抗剪断公式可写为

$$K' = \frac{f'_1 N + f'_3 N' + c' A + c'_c A_c}{S} \qquad (8-17)$$

式中,f_3、f'_3 和 N' 分别表示侧裂面的摩擦系数、抗剪断摩擦系数和法向压力;c'_c 和 A_c 分别表示侧裂面的凝聚力和侧裂面的面积。

（2）双滑面抗滑稳定分析

图 8-8 中软弱结构面，其真倾角为 δ，视倾角为 δ'，L 为平行于滑动方向的下滑力，N 为正交于滑裂面（软弱结构面 F）的法向力，M 为正交于侧向破裂面的侧向力，T 为侧向阻力。显然，只要软弱结构面 F 的走向与坝轴线的方向斜交，则在滑移体下滑时，侧向力 M 将总是存在的，因而侧向阻力 T 的作用也是存在的，侧向咬合力也是存在的，这些力的作用无疑对深层抗滑稳定是有利的。

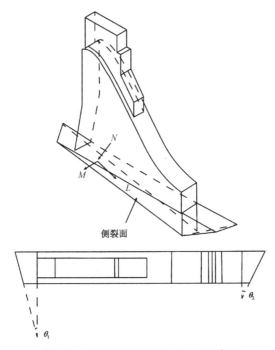

图 8-8　深层抗滑稳定空间分析示意图

设软弱结构面走向与坝轴线的夹角为 θ_1，软弱结构面滑动方向的视倾角

$$\delta' = \arctan(\tan\delta\cos\theta_1) \tag{8-18}$$

将滑动体上的水平力 $\sum P$、铅直力 $\sum W$、抗力 Q、块体自重 G_1、扬压力 U_3 分别分解到 L、M、N 方向，可以得到

$$\sum P: \begin{cases} L_{\sum P} = \sum P\cos\delta' \\ M_{\sum P} = -\sum P\sin\theta_1\sin\delta'\cos\delta'\tan\delta \\ N_{\sum P} = -\sum P\sin\delta'\cos\delta'/\cos\delta \end{cases} \tag{8-19}$$

125

$$\sum W: \begin{cases} L_{\sum W} = \sum P \sin \delta' \\ M_{\sum W} = \sum W \sin \delta \cos \delta \sin \theta_1 / (1 - \sin^2 \delta \sin^2 \theta_1) \\ N_{\sum W} = -\sum W \cos \delta / (1 - \sin^2 \delta \sin^2 \theta_1) \end{cases} \quad (8-20)$$

$$Q: \begin{cases} L_Q = -Q \cos(\varphi - \delta') \\ M_Q = Q[\cos\varphi \sin\delta' \cos\delta' \tan\delta - \sin\varphi \sin\delta \cos\delta / (1 - \sin^2\delta\sin^2\theta_1)] \\ N_Q = Q[\cos\varphi \sin\delta' \cos\delta' / \cos\delta - \sin\varphi \cos\delta / (1 - \sin^2\delta\sin^2\theta_1)] \end{cases}$$

$$(8-21)$$

$$G_1: \begin{cases} L_{G_1} = G_1 \sin \delta' \\ M_{G_1} = G_1 \sin \delta \cos \delta \sin \theta_1 / (1 - \sin^2 \delta \sin^2 \theta_1) \\ N_{G_1} = G_1 \cos \delta / (1 - \sin^2 \delta \sin^2 \theta_1) \end{cases} \quad (8-22)$$

$$U_3: \begin{cases} L_{U_3} = -U_3 \cos \delta' \\ M_{U_3} = -U_3 \sin \delta' \cos \delta \sin \theta_1 \tan \delta \\ N_{U_3} = -U_3 \sin \delta' \cos \delta' / \cos \delta \end{cases} \quad (8-23)$$

对各分量合并,可得

总下滑力:$\sum L_1 = L_{\sum P} + L_{\sum W} + L_Q + L_{G_1} + L_{U_3}$ (8-24)

总侧向力:$\sum M_1 = M_{\sum P} + M_{\sum W} + M_Q + M_{G_1} + M_{U_3}$ (8-25)

总法向力:$\sum N_1 = N_{\sum P} + N_{\sum W} + N_Q + N_{G_1} + N_{U_3}$ (8-26)

对于滑动体,安全系数 K_1 可表示成:

$$K_1 = \frac{f_1(\sum N_1 - U_1) + f_3(\sum M_1 - U_4) + c_1 A_1 + c_3 A_3}{\sum L_1} \quad (8-27)$$

式中,f_1、c_1、U_1、A_1 和 f_3、c_3、U_4、A_3 分别为滑动体底滑裂面及侧裂面上的摩擦系数、黏结力、渗透压力和断面积。

抗力体的视倾角为 β',真倾角为 β,走向与坝轴线的夹角为 θ_2,则抗力体沿滑动方向的视倾角

$$\beta' = \arctan(\tan\beta\cos\theta_2) \quad (8-28)$$

同理可得作用于抗力体上的抗力 R、块体自重 G_2、扬压力 U_2 分别分解到 L'、M'、N' 方向的分力。

$$G_2: \begin{cases} L'_{G_2}=G_2\sin\beta' \\ M'_{G_2}=G_2\sin\beta\cos\beta\sin\theta_2/(1-\sin^2\beta\sin^2\theta_2) \\ N'_{G_2}=G_2\cos\beta/(1-\sin^2\beta\sin^2\theta_2) \end{cases} \tag{8-29}$$

$$Q: \begin{cases} L'_Q=Q\cos(\varphi-\beta') \\ M'_Q=-Q[\cos\varphi\sin\beta'\cos\beta'\tan\delta-\sin\varphi\sin\beta\cos\beta/(1-\sin^2\beta\sin^2\theta_2)] \\ N'_Q=-Q[\cos\varphi\sin\beta'\cos\beta'/\cos\beta-\sin\varphi\cos\beta/(1-\sin^2\beta\sin^2\theta_2)] \end{cases}$$

$$\tag{8-30}$$

$$U_3: \begin{cases} L'_{U_3}=U_3\cos\beta' \\ M'_{U_3}=U_3\sin\beta'\cos\beta\sin\theta_2\tan\beta \\ N'_{U_3}=U_3\sin\beta'\cos\beta'/\cos\beta \end{cases} \tag{8-31}$$

对各分量合并,可得

$$总下滑力:\sum L'_2=L'_Q+L'_{G_2}+L'_{U_3} \tag{8-32}$$

$$总侧向力:\sum M'_2=M'_Q+M'_{G_2}+M'_{U_3} \tag{8-33}$$

$$总法向力:\sum N'_2=N'_Q+N'_{G_2}+N'_{U_3} \tag{8-34}$$

对于抗力体,安全系数 K_2 可表示成:

$$K_2=\frac{f_2(\sum N'_2-U_2)+f_4(\sum M'_2-U_5)+c_2A_2+c_4A_4}{\sum L'_2} \tag{8-35}$$

式中,f_2、c_2、U_2、A_2 和 f_4、c_4、U_5、A_4 分别为抗力体底滑裂面及侧裂面上的摩擦系数、黏结力、渗透压力和断面积。然后仍可按照被动抗力法或等安全系数法的原理来计算安全系数。

5)抗滑稳定基本准则

对大坝进行稳定分析,一定会涉及大坝怎样才算失稳的问题,也就是稳定准则的问题,常见的重力坝抗滑稳定破坏准则有点破坏准则、整体破坏准则、极限变形准则和稳定临界准则。水工建筑物是一个复杂的受力工作系统,决不允许在整体破坏的极限状态下工作,相反人们还要设法保证其局部也不发生破坏并从保证正常工作出发提出种种限制和要求。我国现行规范规定采用抗剪断公式审查沿坝基面的稳定性,其公式虽然形式上表现为全面破坏极限状态,但往往根据经验对强度参数打折扣和选取较大的安全系数,把大坝控制在远未局部破坏的状态下工作。

(1)点破坏准则:以坝基面和坝基内任意一点都不出现剪切破坏为稳定准则。

(2)整体破坏准则:以坝体沿坝基面或连同部分坝基不出现整体滑移为稳定准则。

(3)极限变形准则:以坝体或坝基都能正常工作的极限变形值为稳定准则。

(4)稳定临界准则:随着荷载的增加,坝基或坝基内出现由点破坏到整体失稳破坏的过程中,有一个临界点。在临界点之前,大坝处于稳定阶段,即大坝的屈服区扩展是缓慢的、稳定在临界点之后,屈服区迅速扩展,直至整体失稳破坏。

整体破坏准则,因其简单易于掌握而最早被采用,并已广泛应用到现在,如常用的摩擦公式、剪摩公式、抗剪断强度公式等,所依据的均为整体破坏准则。由于用整体破坏准则来研究重力坝的抗滑稳定问题太过于笼统,并不能满足点的破坏准则,因此用整体破坏准则研究抗滑稳定问题需要较大的安全裕度。完全以整体破坏作为设计的标准,显然是不允许的。为了保证安全,必须使用较大的安全系数,或采用经过打了折扣的抗剪强度参数。由此可见,其所遵循的已经不完全是整体破坏准则了。

点破坏准则,像抗拉、抗压强度审查采用点破坏准则一样,抗滑稳定属于抗剪强度审查,同样属于强度理论的范畴。从理论上分析,要求坝体坝基上任何点都不出现屈服破坏几乎是不可能的,而个别点甚至局部区域出现屈服破坏并不一定影响大坝的安全和正常工作。极限变形准则是设计必须遵循的,但坝体或坝基究竟变形到多大才不能正常工作很难定量。这种第二极限状态的审查只能和第一极限状态即强度极限状态的审查同时进行,而不能互相取代。也就是说,不能以它作为唯一的破坏准则,因此,这一准则在工程实践中很少应用。

稳定临界准则是在系统分析、研究了重力坝的渐进破坏过程、破坏机理、失稳模式的基础上从理论分析入手提出来的一个准则,与之相配套的设计安全系数也是在考虑多种因素影响,经过详细计算分析得出来的,也就是说是在理论分析的基础上得出来的,所以稳定临界公式已经不再是经验或半经验公式,而属于理论公式。按稳定临界准则公式设计的大坝,既能保证大坝在弹性或基本上在弹性状态下工作,又能满足强度和稳定要求,保证大坝安全可靠。

6) 抗滑稳定安全系数取值的工程类比

关于深层抗滑稳定计算方法的安全系数取值标准问题,由于其复杂且实践经验不多,我国现行的混凝土重力坝设计规范未对其作出统一规定,在工程实际中设计者只能参照规范,根据自身经验和工程类比进行判断。对于单滑面情形,滑面上的阻滑力和滑动力之比即为抗滑稳定安全系数,计算简单、物理概念清楚。对于多个不同角度的滑面组成的滑移模式,有多种计算方法,其中刚体极限平衡等法是工程设计中最为常用的方法。

潘家铮院士在"三峡工程左岸厂房一号坝段稳定和厂坝连接专题讨论会"上的总结发言中指出:"重力坝的设计理论至今还有待完善,很大程度上仍取决于经验和判断,尤其像复杂的深层抗滑稳定问题,连安全系数定义也不够明确。所以,设计原则、计算方法、参数选择与安全判据必须根据以往经验相互配套。即使不尽合理,目前只能这样做,可以保证工程安全,将来经验积累多了,科技进步了,再逐步改进完善。对我们深层滑动稳定问题而言,所谓配套就是采用刚体极限平衡分析原理与方法等法、常用的参数,以及规范中规定的区值来判别。按此计算,过关的就认为满足了设计要求,可进行细节设计及开展更深的研究"。下面总结了一些实际工程对抗滑稳定安全系数的规定。

三峡工程左岸厂房一号坝段稳定的设计采用刚体极限平衡等法的计算成果作为设计判据,比照现行重力坝设计规范关于沿建基面滑动稳定安全系数的规定,结合该工程的具体特点,对安全系数规定如下:

沿确定性滑移模式滑动:安全系数与重力坝设计规范关于沿建基面滑动的安全系数规定相同,即基本荷载组合下安全系数$[K]=3.0$,特殊荷载组合下安全系数$[K]=2.3\sim2.5$;沿设想模式Ⅰ滑动:安全系数的规定同上;沿设想模式Ⅱ滑动:考虑到本模式是一种极端情况,对安全系数的规定适当放宽,规定在基本荷载组合下$[K]=2.3\sim2.5$,对特殊荷载组合下的安全系数不作要求。

根据稳定计算成果,确定性滑移模式下稳定安全系数为4.26,若不计厂房大体积,混凝土顶托作用的安全系数为2.78,设想模式Ⅰ稳定安全系数为3.14,设想模式Ⅱ稳定安全系数为2.75。数值分析(包括多种计算程序的平面及三维有限元分析)坝基内各深层滑移面的强度储备系数一般在4.5以上,局部浅层滑移面进入塑性状态的强度储备系数为 1.5 以上。

金沙江向家坝水电站重力坝深层抗滑安全系数在基本荷载组合下[K]＝3.0～3.5；特殊荷载组合的校核洪水工况[K]＝2.0～3.0；地震工况[K]＝2.3～2.5。岩滩水电站 17 号溢流坝段的深层抗滑稳定问题，按抗剪断公式计算的安全系数的设计要求为：按等安全系数法计算，基本组合[K]＞3.5，特殊组合[K]＞3.0。

总的来说，深层抗滑稳定安全系数应不低于重力坝设计规范沿建基面的安全系数。由于深层岩基软弱面的连通性和强度都难以确定，如果按平面问题计算，即不考虑侧面的摩阻力和黏着力，可以采用重力坝设计规范关于沿建基面滑动的安全系数规定，即基本荷载组合下安全系数[K]＝3.0；特殊荷载组合下安全系数[K]＝2.3～2.5。若考虑了侧面的摩阻力和黏着力，相当于更多地挖掘了潜力，则相应地也应取用较高的安全系数标准。

近年来，对抗滑稳定分析已开始使用有限单元法。一方面，审查坝基和坝体的位移是否过大，是否影响到大坝的正常工作，如帷幕、止水等是否受到破坏；另一方面，根据应力计算成果，审查某一可能滑动面上各点的或整体的抗滑稳定安全系数是否符合要求。但此法由于缺乏相应的安全准则，目前还没有达到完全适用的阶段。

8.2.2 某寒冷地区水库大坝深层抗滑稳定计算

根据《混凝土拱坝设计规范》(SL 282—2018)以及某寒冷地区水库大坝实际地质条件，某寒冷地区水库大坝深层抗滑稳定按双滑动面考虑。

1) 计算断面选取

根据不同地质及坝基开挖情况，共选取 3 个断面，其中 0＋073(左岸挡水坝段)位于坝址开挖齿槽且 F10 断层进行挖除的坝段，计算中按双滑动面考虑；0＋123.2(溢流坝段)断面位于坝址齿槽但 F10 断层未处理的坝段，计算中按双滑动面考虑；0＋160(右底孔坝段)断面位于未开挖齿槽且 F10 断层亦未处理的坝段，计算中按双滑动面考虑。

2) 计算荷载与组合

计算荷载为不同计算情况的坝体混凝土自重、基岩自重、水压力、淤沙压力、扬压力、风浪压力、冰压力及地震力(坝区地震烈度为 7°)。

(1) 工况 1 下即在正常蓄水位上下游静水压力＋坝体自重＋扬压力＋淤沙

压力+静冰压力作用下各断面计算结果(取单位长度坝段)如下：

① 断面0+073(左岸挡水坝段)，竖向荷载中，坝体本身自重6 562.5× 10^4 N，前滑动块本身自重1 689.5×10^4 N，后滑动块本身自重784.1×10^4 N；水平荷载中，上游水压力3 042.0×10^4 N，下游水压力411.8×10^4 N，泥沙压力921.6×10^4 N，静冰压力16.6×10^4 N；前滑动面扬压力1 422.7×10^4 N，后滑动面扬压力542.4×10^4 N，前后滑动面间扬压力542.4×10^4 N。

② 断面0+0123.2(溢流坝段)，竖向荷载中，坝体本身自重6 426.9×10^4 N，前滑动块本身自重1 804×10^4 N，后滑动块本身自重836.9×10^4 N；水平荷载中，上游水压力3 037.5×10^4 N，下游水压力411.8×10^4 N，泥沙压力921.6×10^4 N，静冰压力16.6×10^4 N；前滑动面扬压力1 357.7×10^4 N，后滑动面扬压力542.4×10^4 N，前后滑动面间扬压力542.4×10^4 N。

③ 断面0+0160(底孔坝段)，竖向荷载中，坝体本身自重6 505.1×10^4 N，前滑动块本身自重1 867×10^4 N，后滑动块本身自重867.4×10^4 N；水平荷载中，上游水压力2 888.0×10^4 N，下游水压力356.4×10^4 N，泥沙压力846.4×10^4 N，静冰压力16.6×10^4 N；前滑动面扬压力1 549.3×10^4 N，后滑动面扬压力514.2×10^4 N，前后滑动面间扬压力514.2×10^4 N。

(2) 工况2下即在设计洪水位上下游静水压力+坝体自重+扬压力+淤沙压力+静冰压力作用下各断面计算结果(取单位长度坝段)如下：

① 断面0+073(左岸挡水坝段)，竖向荷载中，坝体本身自重6 562.5× 10^4 N，前滑动块本身自重1 689.5×10^4 N，后滑动块本身自重784.1×10^4 N；水平荷载中，上游水压力3 225.65×10^4 N，下游水压力531.38×10^4 N，泥沙压力921.6×10^4 N，静冰压力16.6×10^4 N；前滑动面扬压力1 719.7×10^4 N，后滑动面扬压力596.9×10^4 N，前后滑动面间扬压力596.9×10^4 N。

② 断面0+0123.2(溢流坝段)，竖向荷载中，坝体本身自重6 426.9×10^4 N，前滑动块本身自重1 804×10^4 N，后滑动块本身自重836.9×10^4 N；水平荷载中，上游水压力3 211.5×10^4 N，下游水压力531.4×10^4 N，泥沙压力921.6×10^4 N，静冰压力16.6×10^4 N；前滑动面扬压力1 775.0×10^4 N，后滑动面扬压力616.1×10^4 N，前后滑动面间扬压力616.1×10^4 N。

③ 断面0+0160(底孔坝段)，竖向荷载中，坝体本身自重6 505.1×10^4 N，前滑动块本身自重1 867×10^4 N，后滑动块本身自重867.4×10^4 N；水平荷载中，上游水压力3 067.0×10^4 N，下游水压力468.2×10^4 N，泥沙压力846.4×10^4 N，静

冰压力 16.6×10^4 N;前滑动面扬压力 $1\,770.8 \times 10^4$ N,后滑动面扬压力 567.1×10^4 N,前后滑动面间扬压力 567.1×10^4 N。

（3）工况 3 下即在校核洪水位上下游静水压力＋坝体自重＋扬压力＋淤沙压力＋静冰压力作用下各断面计算结果（取单位长度坝段）如下：

① 断面 0＋073（左岸挡水坝段），竖向荷载中，坝体本身自重 $6\,562.5 \times 10^4$ N,前滑动块本身自重 $1\,689.5 \times 10^4$ N,后滑动块本身自重 784.1×10^4 N;水平荷载中，上游水压力 $3\,437.86 \times 10^4$ N,下游水压力 648.0×10^4 N,泥沙压力 921.6×10^4 N,静冰压力 16.6×10^4 N;前滑动面扬压力 $1\,804 \times 10^4$ N,后滑动面扬压力 659.2×10^4 N,前后滑动面间扬压力 659.2×10^4 N。

② 断面 0＋0123.2（溢流坝段），竖向荷载中，坝体本身自重 $6\,426.9 \times 10^4$ N,前滑动块本身自重 $1\,804 \times 10^4$ N,后滑动块本身自重 836.9×10^4 N;水平荷载中，上游水压力 $3\,406.5 \times 10^4$ N,下游水压力 648.0×10^4 N,泥沙压力 921.6×10^4 N,静冰压力 16.6×10^4 N;前滑动面扬压力 $1\,867 \times 10^4$ N,后滑动面扬压力 680.4×10^4 N,前后滑动面间扬压力 680.4×10^4 N。

③ 断面 0＋0160（底孔坝段），竖向荷载中，坝体本身自重 $6\,505.1 \times 10^4$ N,前滑动块本身自重 $1\,867 \times 10^4$ N,后滑动块本身自重 867.4×10^4 N;水平荷载中，上游水压力 $3\,274.02 \times 10^4$ N,下游水压力 578.0×10^4 N,泥沙压力 846.4×10^4 N,静冰压力 16.6×10^4 N;前滑动面扬压力 $1\,848 \times 10^4$ N,后滑动面扬压力 654.8×10^4 N,前后滑动面间扬压力 654.8×10^4 N。

（4）工况 4 下即在正常蓄水位上下游静水压力＋坝体自重＋扬压力＋淤沙压力＋动冰压力作用下各断面计算结果（取单位长度坝段）如下：

① 断面 0＋073（左岸挡水坝段），竖向荷载中，坝体本身自重 $6\,562.5 \times 10^4$ N,前滑动块本身自重 $1\,689.5 \times 10^4$ N,后滑动块本身自重 784.1×10^4 N;水平荷载中，上游水压力 3042.0×10^4 N,下游水压力 411.8×10^4 N,泥沙压力 921.6×10^4 N,动冰压力 17.4×10^4 N;前滑动面扬压力 $1\,422.7 \times 10^4$ N,后滑动面扬压力 542.4×10^4 N,前后滑动面间扬压力 542.4×10^4 N。

② 断面 0＋0123.2（溢流坝段），竖向荷载中，坝体本身自重 $6\,426.9 \times 10^4$ N,前滑动块本身自重 $1\,804 \times 10^4$ N,后滑动块本身自重 836.9×10^4 N;水平荷载中，上游水压力 $3\,037.5 \times 10^4$ N,下游水压力 411.8×10^4 N,泥沙压力 921.6×10^4 N,动冰压力 17.4×10^4 N;前滑动面扬压力 $1\,357.7 \times 10^4$ N,后滑动面扬压力 542.4×10^4 N,前后滑动面间扬压力 542.4×10^4 N。

③ 断面 0+0160(底孔坝段),竖向荷载中,坝体本身自重 6 505.1×10⁴ N,前滑动块本身自重 1 867×10⁴ N,后滑动块本身自重 867.4×10⁴ N;水平荷载中,上游水压力 2 888.0×10⁴ N,下游水压力 356.4×10⁴ N,泥沙压力 846.4×10⁴ N,动冰压力 17.4×10⁴ N;前滑动面扬压力 1 549.3×10⁴ N,后滑动面扬压力 514.2×10⁴ N,前后滑动面间扬压力 514.2×10⁴ N。

(5) 工况 5 下即在设计洪水位上下游静水压力+坝体自重+扬压力+淤沙压力+动冰压力作用下各断面计算结果(取单位长度坝段)如下:

① 断面 0+073(左岸挡水坝段),竖向荷载中,坝体本身自重 6 562.5×10⁴ N,前滑动块本身自重 1 689.5×10⁴ N,后滑动块本身自重 784.1×10⁴ N;水平荷载中,上游水压力 3 225.65×10⁴ N,下游水压力 531.38×10⁴ N,泥沙压力 921.6×10⁴ N,动冰压力 17.4×10⁴ N;前滑动面扬压力 1 719.7×10⁴ N,后滑动面扬压力 596.9×10⁴ N,前后滑动面间扬压力 596.9×10⁴ N。

② 断面 0+0123.2(溢流坝段),竖向荷载中,坝体本身自重 6 426.9×10⁴ N,前滑动块本身自重 1 804×10⁴ N,后滑动块本身自重 836.9×10⁴ N;水平荷载中,上游水压力 3 211.5×10⁴ N,下游水压力 531.4×10⁴ N,泥沙压力 921.6×10⁴ N,动冰压力 17.4×10⁴ N;前滑动面扬压力 1 775.0×10⁴ N,后滑动面扬压力 616.1×10⁴ N,前后滑动面间扬压力 616.1×10⁴ N。

③ 断面 0+0160(底孔坝段),竖向荷载中,坝体本身自重 6 505.1×10⁴ N,前滑动块本身自重 1 867×10⁴ N,后滑动块本身自重 867.4×10⁴ N;水平荷载中,上游水压力 3 067.0×10⁴ N,下游水压力 468.2×10⁴ N,泥沙压力 846.4×10⁴ N,动冰压力 17.4×10⁴ N;前滑动面扬压力 1 770.8×10⁴ N,后滑动面扬压力 567.1×10⁴ N,前后滑动面间扬压力 567.1×10⁴ N。

(6) 工况 6 下即在校核洪水位上下游静水压力+坝体自重+扬压力+淤沙压力+动冰压力作用下各断面计算结果(取单位长度坝段)如下:

① 断面 0+073(左岸挡水坝段),竖向荷载中,坝体本身自重 6 562.5×10⁴ N,前滑动块本身自重 1 689.5×10⁴ N,后滑动块本身自重 784.1×10⁴ N;水平荷载中,上游水压力 3 437.86×10⁴ N,下游水压力 648.0×10⁴ N,泥沙压力 921.6×10⁴ N,动冰压力 17.4×10⁴ N;前滑动面扬压力 1 804×10⁴ N,后滑动面扬压力 659.2×10⁴ N,前后滑动面间扬压力 659.2×10⁴ N。

② 断面 0+0123.2(溢流坝段),竖向荷载中,坝体本身自重 6 426.9×10⁴ N,前滑动块本身自重 1 804×10⁴ N,后滑动块本身自重 836.9×10⁴ N;水平荷载中,

上游水压力 $3\,406.5\times10^4$ N,下游水压力 648.0×10^4 N,泥沙压力 921.6×10^4 N,动冰压力 17.4×10^4 N;前滑动面扬压力 $1\,867\times10^4$ N,后滑动面扬压力 680.4×10^4 N,前后滑动面间扬压力 680.4×10^4 N。

③ 断面 0+0160(底孔坝段),竖向荷载中,坝体本身自重 $6\,505.1\times10^4$ N,前滑动块本身自重 $1\,867\times10^4$ N,后滑动块本身自重 867.4×10^4 N;水平荷载中,上游水压力 $3\,274.02\times10^4$ N,下游水压力 578.0×10^4 N,泥沙压力 846.4×10^4 N,动冰压力 17.4×10^4 N;前滑动面扬压力 $1\,848\times10^4$ N,后滑动面扬压力 654.8×10^4 N,前后滑动面间扬压力 654.8×10^4 N。

前滑动面抗剪断强度参数 $f_1'=0.35$,$c_1'=0.15$ MPa;后滑动面抗剪断强度参数 $f_1'=0.5$,$c_1'=0.04$ MPa。

将上述计算结果代入抗剪断强度公式(8-12)可计算得大坝抗滑稳定安全系数 K',不同荷载组合下各断面按抗剪断强度公式计算的抗滑稳定安全系数 K' 值如表 8-5 所示。

表 8-5　各断面按抗剪断强度公式计算的抗滑稳定安全系数 K'

荷载组合	断面位置		
	0+073	0+0123.2	0+0160
工况 1	3.18	3.12	3.22
工况 2	3.11	3.08	3.17
工况 3	2.68	2.58	2.65
工况 4	3.15	3.08	3.17
工况 5	3.05	3.06	3.10
工况 6	2.60	2.53	2.59

计算结果表明:

(1) 基本荷载组合情况下,所取坝段的抗滑稳定安全系数均超过 3.0,满足规范要求;

(2) 特殊荷载组合情况下,所取坝段的抗滑稳定安全系数均不低于 2.5,也能满足规范要求;

(3) 鉴于动冰压力数值较小,在抗滑稳定安全计算中影响有限。

8.3　数值模拟方法

对于一些重要的工程,常常要进行有限元分析与模型试验,作为校核、验证或深入研究的手段。有限单元法的基本思想是将连续的求解区域离散为有限个且按一定方式相互联结在一起的单元的组合体,利用在每个单元内假设的近似函数来分片地表示全求解域上待求的未知场函数,单元内的近似函数通常由未知场函数及其导数在单元的各个节点上的数值和插值函数来表达。从而,一个问题的有限元分析中,未知场函数及其导数在各个结点上的数值就成为新的未知量即自由度,从而使一个连续的无限自由度问题变成离散的有限自由度问题。如果单元是满足收敛要求的,近似解最后将收敛于精确解。对于高混凝土重力坝,规范中明确提出需用有限元法进行数值分析。有限单元法可以方便地处理坝体、地基等各种复杂的几何形状和构造、材料分区、模拟施工过程和加载顺序,也能方便地解各种场问题,还能进行塑性分析,但在应用中受到诸如结构简化、单元剖分、材料本构关系、物理力学参数、单元位移模式等因素的控制。

目前,有限单元法已成为分析复杂地基问题的有力工具,它不但可以分析断层、节理等地质缺陷的影响,而且可以将水工建筑物的应力、变形、渗流和稳定问题等结合在一起分析,由此了解整个系统的破坏机理。应用非线性有限元法可以对具有软弱夹层地基上坝体深层的抗滑稳定这个复杂问题作出较深入的探索,通过分析可以较可靠地确定地基内的应力及变形情况,了解沿软弱带的破坏区域和错动值,确定最危险的滑动通道,判断一些加固措施的效果,并确定最终的安全系数和阐明失稳发展的机理。在用有限元法研究重力坝深浅层抗滑稳定破坏机理方面,王宏硕等提出了真实抗剪比例极限强度的概念,得出了一些有益的结论[10]。常晓林、陆述远、赖国伟等研究了碾压混凝土坝稳定临界准则公式以及设计安全系数[11, 12]。杜俊慧、陆述远研究了重力坝沿坝基面的破坏机理,探讨了坝体与坝基弹模比对破坏规律的影响、强度参数对破坏过程的影响以及重力坝均质坝基沿建基面的破坏机理[13]。

采用有限元法的问题是应力、变位大小与网格划分有关,不易确定大坝的安全度指标,在应力奇点,应力趋于集中,网格愈密应力集中程度愈高,并且由于各工程的复杂性和有限元法计算程序的差异性,目前尚无对坝体及坝基的位移应力值的统一量化标准,对于有限元法计算深浅层抗滑稳定也没有统一的标准。

1）有限元模拟渐进破坏过程的方法

采用弹塑性有限元法模拟混凝土重力坝渐进破坏过程的方法通常有超载法和强度储备系数法。用逐渐增加超载系数研究大坝从局部到整体破坏的渐进破坏过程的方法，称为超载法。将设计荷载增大一定倍数后，坝体深浅层抗滑稳定达到临界情况，就称此时倍数为超载系数。但是，并不是所有荷载都超载，一般只限于将坝体承受的上游水压力（包括泥沙压力）按比例超载，其他各种荷载可不变。

超载系数是大坝安全度的指标之一，一般是通过水位超载或加大库水容重加以确定。对于重力坝，超载方法对坝踵应力条件恶化最为显著，坝踵拉应力对超载系数起控制作用但对于拱坝或重力式拱坝，拱的作用使坝踵拉应力显著降低，超载系数的确定必须综合考虑大坝及基础位移、应力、塑性区等特征量以及抗滑稳定安全系数、点安全度的大小。

超载法主要考虑作用荷载的不确定性，以此研究结构承受超载作用的能力。该方法较直观，便于在结构物理模型试验中采用，从而使数值模拟与物理模拟结果相互印证，且积累了较多的工程经验。但要使结构达到最终整体失稳的极限状态，其相应的超载系数是很大的，而实际上结构的这种荷载状态几乎是不可能出现的，故这种方法求得的超载系数只是结构安全度的一个表征指标。

超载法分为超水容重三角形超载和超水位矩形超载两种方法。计算简图如图 8-9 所示。

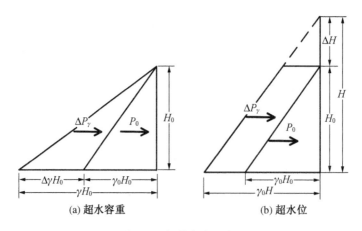

(a) 超水容重   (b) 超水位

图 8-9　超载方式示意图

超水容重方法

$$K_z = \frac{\Delta P_\gamma + P_0}{P_0} = \frac{\Delta \gamma + \gamma_0}{\gamma_0} = \frac{\gamma}{\gamma_0} \tag{8-36}$$

超水位方法

$$K_H = \frac{\gamma H_0 \Delta H + \frac{1}{2}\gamma H_0^2}{\frac{1}{2}\gamma H_0^2} = \frac{2\Delta H + H_0}{H_0} = \frac{2(H-H_0)+H_0}{H_0} = 2\frac{H}{H_0} - 1$$

$$\tag{8-37}$$

按比例降低坝基面及地基中的软弱结构面的抗剪强度指标（f'、c'），直至破坏，抗剪强度指标降低的倍数即为强度储备安全系数。强度储备系数法主要考虑材料强度的不确定性和可能的弱化效应，以此研究结构在设计上的强度储备程度。天然岩体由于成因和结构构造运动，其不均匀性非常明显，节理、裂隙和断层发育且分布规律复杂，很难准确地把握其工程尺度范围内的物理力学性能，各局部材料参数相差数倍是完全可能的。因此强度储备系数法从这种意义上能够比较真实地反映结构破坏的实质和可能的失稳模式。

坝体材料和坝基材料的强度参数 f'、c' 由于受多种因素的影响很难准确确定，波动性较大，往往缺乏足够的试验资料和经验数据，致使材料的实际强度有可能低于设计要求的标准强度。用降低强度参数的方法，研究大坝失稳的渐进破坏过程，具体做法是令 K_L 表示强度储备系数，K_L 为大于 1 的值，f'、c' 为实际的抗剪强度参数，降低强度就是用 f'/K_L、c'/K_L 代替 f'、c' 值进行计算，随着 K_L 值的逐渐增大，可以求出大坝从局部破坏到全部破坏的全过程，所算得的整体破坏时的 K_L 值的大小也能反映大坝安全的程度。

强度储备系数法包括等比例降强度和不等比例降强度两种方法。根据国内外试验研究的结果证明，f' 值较稳定，波动较小，而 c' 值受外界因素影响较大，不够稳定，波动较大。因此，把 f'、c' 同等看待，按等比例降强度，显然是不够合理且不符合实际的，而采用不等比例降强度则比较符合实际。对于不等比例降强度方法，如何选用不等比例是一个值得研究解决的课题。比较常用的方法是等保证率法，即按等保证率选取 f' 和 c' 值，随着保证率的增大，f' 和 c' 值逐渐降低，即 K_f 和 K_c 值逐渐增大，引起大坝从局部到整体的渐进破坏。f' 和 c' 值的变化只用一个变量即保证率 $P(\%)$ 来反映，大坝破坏的程度和过程随保证率 $P(\%)$ 的变化而变化。在按等保证率法降低材料抗剪强度参数 f' 和 c' 时,应该对坝体内涉及的所有材料的抗剪强度参数都按等保证率的原则逐渐降低,来研究大坝的破坏过程和破坏机理以及大坝整体破坏时的保证率值及其相应的强度储备系数。当然,在同一保证率下,坝体及坝基中的各种材料的强度储备系数 K_f 和 K_c 值并不相等,应选其中的最小值作为衡量极限承载能力的标准。用等保证率方法来降低 f' 和 c' 是比较符合实际情况的,但由于所需的试验研究资料过多,一般工程难以做到[15]。

通过降低强度指标和增加荷载,利用弹塑性有限元法研究大坝的渐进破坏过程,评价大坝的安全度,已逐渐被工程界所接受。这种评价方法将大坝的失稳看成是点强度破坏的累进,且稳定是由应力强度问题引发的,从而使应力及抗滑稳定的安全评价合二为一。

2) 有限元法进行重力坝深浅层抗滑稳定安全性评价的方法

有限单元法能够研究坝体及地基的失稳破坏过程、破坏机理,全面了解坝体及地基的应力应变状态,主要是因为有限元分析的成果能够提供坝体及坝基内各点的应力和位移值,可以了解坝基中软弱结构面破坏最危险的部位、破坏区的范围和分布以及坝基的渐进破坏过程,同时能够提供刚体极限平衡法分析中滑动面上的正应力和剪应力分布,据此可求出总的抗滑力和滑动力,研究并计算整体抗滑稳定安全系数,计算分析结果可作为坝基加固处理措施评价和选择的依据。如果做非线性分析则能够精确地描述材料,特别是软弱夹层的材料的本构关系。一般当材料未达到破坏时,仍按弹性体处理,达到破坏时对应力作一定的限制,超预应力作重分布处理。

采用有限元法进行坝基深浅层抗滑稳定分析的判别原则,大致有两大类:其一是以抗滑稳定安全系数表示;其二是限制特征部位的变位值。实际上,这两种判别原则是分别从强度稳定、变形稳定两个角度来总体衡量大坝的抗滑稳定安全性能的。其中,前者以安全系数来评价,这已是工程界广泛接受的概念;后者则是借助有限元分析方法的特点,通过分析研究确保特征部位不发生导致大坝功能失效乃至破坏的变形。上述两种判别原则进一步阐述如下:

(1) 抗滑稳定安全系数表示方法

众所周知,当采用刚体极限平衡法校核抗滑稳定时,安全系数是一个笼统的整体结构的安全指标。例如纯摩公式的安全系数为实际作用于可能滑动面上的法向力乘以摩擦系数与沿该岩面滑动的力的比值,计算这种安全系数并不考虑强度上的要求,因而未能反映实际的安全度;此外,这种计算亦不能反映出整个结构的破坏变形。结构在破坏过程中,随着变形的增大,应力不断重新分布直到达到极限荷载,产生极限变形、结构完全破坏为止,对这种破坏过程及其安全度,只有采用非线性或弹塑性有限元法计算才能得到确切反映。由于用有限元法和刚体极限平衡法计算抗滑稳定安全系数的概念及方法是不相同的,因而,有关安全系数的概念及其具体数值的采用,亦随之而异。通常利用有限元弹塑性分析成果评价大坝安全度的方法有抗滑稳定安全系数、点安全系数、超载系数、强度储备系数及综合安全系数等。

抗滑稳定安全系数:对大坝及基础的实际形状进行模拟计算,针对可能的滑动面,根据应力计算成果,使用强度准则计算安全度,得到抗滑稳定安全系数。抗滑稳定安全系数考虑了滑动面上应力的实际分布特征,在理论上是比较合理的,但其数值大小与一些不易确定的因素如扬压力、初始地应力等以及滑动破坏模式有关。

点安全系数:大量的试验和理论计算表明,滑动面上的应力分布是极不均匀的,滑动面上各点的抗剪强度也不完全相同,因而存在点安全系数问题,理论上只要滑动面上每个点的点安全系数均大于1,则整个滑动面是稳定的。点安全度也就是指对某断面上的任何一个应力状态,利用该点的最大剪应力及其相应的正应力之间的比例关系来评价其稳定性。利用有限单元法计算得到典型断面上各点应力状态,则点安全度可表示为

$$K_e = \frac{\sigma f' + C'}{\tau} \tag{8-38}$$

具体可以写为

$$K_e = \frac{\frac{1}{2}(\sigma_1 + \sigma_3) f' + c'}{\frac{1}{2}(\sigma_1 - \sigma_3)} \tag{8-39}$$

应力代数和比值法:依照有限元强度储备系数法计算得出的滑裂面,根据计算将所得滑动面上的正应力和剪应力分别求和,即分别求出滑动面上总的抗滑力和滑动力,两者的比值就是安全系数。该方法主要借鉴了刚体极限平衡法的表达方式,具有明确的力学概念。仿照传统的刚体极限平衡法,坝体坝基系统沿该滑裂面抗滑稳定整体安全系数为

$$K_s = \frac{\sum\limits_{i=1}^{n}(\sigma_i f'_i + c_i)A_i}{\sum\limits_{i=1}^{n}\tau_i A_i} \tag{8-40}$$

若滑裂面为平面时,上式可以理解为整个滑裂面上总抗滑力与总滑动力之比,即

$$K' = \frac{Nf' + c'A}{S} \tag{8-41}$$

式中:N 为所有作用于脱离体上的力在滑动面法线方向的合力;S 为所有的滑动力在面内的矢量和,滑动的方向为 S 的方向;A 为滑动面的面积。

超载安全系数:由于作用于大坝上的荷载和荷载组合具有许多不确定因素,设计大坝时要考虑一定的超载能力。对于重力坝,上游水位可能出现一定幅度的超载,如果排水失效,扬压力可能超载。超载法也就是将作用于坝体上的外荷载(如水平水压力)按比例增加,直至沿滑动面的抗滑稳定处于临界状态,此时外荷载加大的比例即视为安全系数,或称超载安全系数 K_z。 大坝实际可能出现的超载系数较小,一般在 1.1~1.15,最多 1.2 就足够了。因此,用增大超载系数的方法研究重力坝的渐进破坏过程不完全符合实际,其结果也不正确,整体破坏时的超载系数,无法反映大坝的实际安全度,只能将其作为衡量安全程度的相对指标。

强度储备系数:一般来说,大坝的破坏,除了出现一定幅度的超载外,主要是由于混凝土和基岩的强度随时间推移逐渐降低,或由于原先估计过高而引起的破坏,因此引入强度储备系数评价大坝的安全度。强度储备法(降强度法)也就是按比例降低坝基面及地基中的软弱结构面的抗剪强度指标直至破坏。抗剪强度指标降低的倍数,即为强度储备系数,也就是结构的稳定安全系数,由此来判断坝体的稳定性。由于强度储备系数法比超载法更能反映实际情况,可着重以它作为研究重力坝渐进破坏的方法。

综合安全系数:实际大坝的安全度是由超载和强度储备共同组成,为了把上述两种系数的意义综合反映出来,部分专家建议使用其乘积作为一种安全系数,即 $K = K_z K_L$,称为综合安全系数,其中,K_z 为超载系数,K_L 为强度储备系数。在实际应用时,两者同步增加,当 K_z 达到 $K_{Z\max}$($K_{Z\max}=1.3\sim1.5$)时,K_z 不变,增加 K_L,直至大坝失稳。另外,由于 f' 和 c' 值的变异性相差较大,c' 值的强度储备应当更大些,强度储备系数 K_L 还可以分别取值[16]。这样的综合系数虽然在

理论上更合理,但实际操作起来很复杂,已类似于可靠度理论中的分项系数法。

(2) 特征部位的限制位移值表示方法

上述方法均是以力的平衡来求解抗滑稳定安全系数,而在地质力学模型试验以及有限元安全度判据中,往往也可以根据滑动面的相对位移 Δu 或绝对位移 u 随超载(P)或者强度储备系数变化曲线中出现的拐点,来确定抗滑安全系数。根据变形来确定安全系数不仅合理,而且是方便的。因为力或力矩平衡法一般公式复杂,尤其对双斜或三斜滑动模式而言。滑动面的抗剪能力发挥只有在变形协调条件下才能共同起作用,变形拐点系数也间接反映了力的平衡和滑动面上应力分布规律的影响[16]。一般情况下,在坝基滑移通道上单元破坏区接近完全连通,达到承载极限时会出现拐点,此外,在考虑岩体介质软化塑性性质时,计算分析中达到分支点失稳状态,位移与强度储备系数的曲线也将出现拐点。

对于坝基深浅层抗滑稳定分析而言,特征部位变位限制准则主要用来控制坝基软弱夹层部位帷幕的顶底面不致产生较大的相对变位,也就是说控制沿夹层相对位移值在一定的范围内。系统处于极限平衡状态表示它由一种平衡状态向另一种平衡状态的转变,即系统的状态发生了突变。突变性判据认为任何能够反映系统状态突变的现象都可以作为失稳判据,比如关键部位的相对位移或位移突然变大。应用突变性判据的具体做法是,选择一些关键点,做出该点位移与抗剪强度变化倍数(或者荷载加大倍数)之间的关系曲线,当位移发生异常改变时,也就是当材料强度改变 K 倍时,该结点的位移 u 与 K 的关系曲线会产生突变,则此时的 K 为 K_c。当采用位移变化率作为失稳判据时,一般选择位于坝顶、坝踵建基面、软弱岩层上或者附近的结点作为关键点,特别是坝踵点的位移过大不仅可反映大坝的整体位移过大,而且还将危及防渗帷幕的正常工作,引起坝基扬压力的提高。

以坝踵点的水平位移 u 与 K 的关系曲线为例,一般每条曲线都有 a、b 两个特征点。当达到 a 点时,位移开始变大;当达到 b 点时,位移将迅速增大,实际上此时坝体已失稳,计算不再收敛,可以认为,a、b 两点对应的 K 值是抗滑稳定安全系数的上下限。曲线 ab 是稳定状态与非稳定状态之间的过渡区,它表明了 K_c 的范围。

根据位移突变失稳判据,可得到稳定安全系数的变化范围,一般按位移变化率求出的 K_c 范围的上限与按屈服区连通失稳判据求出的 K_c 值接近,这是因为坝基岩体屈服,当范围不大时,坝体位移增加是不明显的。只有当屈服范围增大,形成上下游之间的滑移通道后,坝体位移才会迅速增大。由此可知,如果以位移变化曲线的上限值点(b 点)确定安全系数 K_c,对其容许值的要求应当高一些;如果以位移变化率作为失稳判据取的下限值点(a 点)作为安全系数时,可取较小的容许值[17]。

对一般工程来说,上述两种评价体系都具有较强的现实意义。但需要说明的是,上述方法仅仅阐明了采用有限元方法进行坝基深浅层抗滑稳定分析时,对大坝抗滑稳定性能进行判别的原则。然而就目前而言,尚未形成公认的与之配套的安全判据。

3) 整体稳定安全度求解方法

在强度储备系数法和超载法分析过程中,随着材料强度的逐步降低或载荷的逐步加大,首先在局部小范围出现拉裂或剪压屈服区,随后这一屈服破坏的范围逐步扩展,直到最后形成贯通的屈服区,丧失保持平衡的能力,导致整体破坏。因此,可以采用以下的方法来得出基于有限元方法的坝基系统的整体安全度:

(1) 从结构整体安全角度来看,如果坝体坝基系统在一定的荷载条件下其破坏区域渐进发展以致使其形成某种滑动模式,即此时系统已达到其极限承载力。因此在非线性有限元计算中,可通过考察坝体坝基系统的塑性屈服区破坏区域是否贯通或者位移发生突变来判别系统是否达到其极限承载力,此时的强度储备系数或超载系数也可以用来表征系统的最终安全度;

(2) 如果在非线性有限元计算过程中某一荷载步出现了不收敛,从有限元平衡方程来看,即在某一定的荷载条件下,结构的变位趋于无穷,所以可以通过有限元计算中迭代出现不收敛来判别系统是否达到其极限承载力,而此时的强度储备系数或超载系数就可以表征系统的最终整体安全度;

(3) 结构能量法认为,在非线性有限元超载法和强度储备系数法具体计算过程中,每超载一次或降低一次材料强度参数,相当于改变了被考察的结构系统,如果本次计算能够迭代收敛,说明这一系统能够达到平衡,结构能够产生内力与外力的平衡,系统总势能的一阶变分为零,总势能保持最小。但这一平衡体系是否稳定,则需考察总势能的二阶变分,当 $\delta^2 \prod > 0$ 系统平衡是稳定的;当 $\delta^2 \prod = 0$,系统平衡处于临界状态;当 $\delta^2 \prod < 0$ 平衡是不稳定的。

为了考察系统平衡位移 u 的稳定性,对系统施加一扰动位移 Δu,将系统在扰动位移 Δu 下的总势能做 Taylor 级数展开有

$$\prod(u+\Delta u)=\prod(u)+\delta\prod(u)+\frac{1}{2}\delta^2\prod(\Delta u)+\cdots \tag{8-42}$$

$$\Delta\prod=\prod(u+\Delta u)-\prod(u)=\delta\prod(u)+\frac{1}{2}\delta^2\prod(\Delta u)+\cdots$$
$$\tag{8-43}$$

因为在位移 u 下系统是平衡的,由最小势能原理

$$\delta\prod(u)=0 \tag{8-44}$$

故

$$\Delta\prod=\frac{1}{2}\delta^2\prod(\Delta u)+\cdots \tag{8-45}$$

略去高阶小量有

$$\Delta\prod=\frac{1}{2}\delta^2\prod(\Delta u) \tag{8-46}$$

故可以用 $\Delta\prod$ 来判别系统平衡的稳定性。

当 $\Delta\prod>0$ 系统稳定;当 $\Delta\prod=0$ 临界稳定;当 $\Delta\prod<0$ 失稳。

扰动位移 Δu 下系统总势能增量 $\Delta\prod$ 可由下式计算

$$\Delta\prod=\sum\int\Delta\varepsilon^T\sigma d\Omega+\frac{1}{2}\sum\int\Delta\varepsilon^T\Delta\sigma d\Omega-(\Delta u)^T R=\Delta U-\Delta V \tag{8-47}$$

式中,$\Delta U=\sum\int\Delta\varepsilon^T\sigma d\Omega+\frac{1}{2}\sum\int\Delta\varepsilon^T\Delta\sigma d\Omega$ 是有利于稳定的项;$\Delta V=(\Delta u)^T R$ 是导致失稳的项。

式(8-47)等号右边的第一项为当前平衡状态的应力 σ 在扰动位移 Δu 所产生的应变 $\Delta\varepsilon$ 上所做的功,式(8-47)等号右边第三项为当前平衡状态的外力在扰动位移上所做的功。对于小变形扰动,这两项的和为零。式(8-47)的第二项为扰动位移所产生的应变能增量,对于在扰动后仍然保持为弹性的单元,这一计算公式是准确的,其物理意义为弹性应变能增量;对于受到扰动后破坏了的单元,这一公式是近似的,其对应的正确计算公式应为

$$\frac{1}{2}\sum\iint_0^{\Delta\varepsilon}d(\Delta\varepsilon)^T d(\Delta\sigma)dt d\Omega \tag{8-48}$$

式中,0时刻代表当前平衡态,Δt时刻代表扰动后的状态。其物理意义为单元在受到扰动后所吸蓄的应变能和所释放的塑性功的和,单元在受到扰动后到达到峰值应力前吸蓄应变能,单元由峰值应力到残余应力这一过程是做塑性功的,这一部分塑性功要转化为其他未破坏单元的应变能,正是由于该塑性功的存在,使系统的稳定性降低。

式(8-48)的准确计算需要在$0 \sim \Delta t$内计算若干中间状态,且与材料的软化特性有关,在实际有限元计算中实现它目前还有一定难度,需要进一步研究。在实际有限元计算时如果采用强度储备系数法,由于扰动是任意的,可以将降低材料参数前后的结点位移差作为扰动位移,也可以采用在降低材料参数的基础上再将外荷载增加1%的办法来获得扰动位移。

4)有限元整体稳定安全度判据

从大量的边坡稳定和重力坝抗滑稳定的有限元计算实例看,用有限元法和刚体极限平衡方法计算得出的安全系数有所差别,由于计算的前提条件和物理机理的不同,因此其结果也不具备可比性。从类似工程的深浅层抗滑稳定计算成果看,有限元法中强度储备系数或者超载系数都应不小于规范中关于抗滑稳定所规定的安全系数$[K]$,即在正常工况下$[K]=3.0$,校核工况下$[K]=2.5$。

规范中传统的安全系数的计算公式为$K = \dfrac{f'\sum V + c'A}{\sum H}$,该公式中所用$f'$和$c'$均采用给定的标准值,当结构根据有限元渐进破坏方法求得的强度储备系数K_L或者超载系数K_z大于或者等于$[K]$时,则认为具有足够的强度安全储备或者超载能力。

5)分项系数有限元法

有限元法可利用强度储备系数和超载系数来衡量整体稳定安全度。可是在实际工程中,仅仅只降强度或者仅仅只超载的情况几乎是不存在的,坝体最终失稳都是在材料弱化和荷载增加的综合作用下发生的。而且单独降强度和单独超载得到的强度储备系数和超载系数到底要达到多少才满足安全性要求,即有限元整体稳定安全度的取值,并没有与之配套的标准。一般的做法都是设计人员或专家根据经验以及工程类比来判断是否满足要求,所以带有很大的主观性。这也是有限元法在抗滑稳定领域一直未能占据主导地位的根本原因。在实际工程设计中,人们还是以不太符合实际但却有规范可依的刚体极限平衡法为主。有限元法虽然有明显的优越性,却只作为校核、验证的手段。究其原因,有限元法抗滑稳定计算的结果因人而异,缺乏与计算方法相配套的稳定度判别标准。对于这个问题,许多学者做出了积极的贡献,但到目前为止工程界还没有找到一种有坚实理论基础并获得广泛认可的合理方法。

分项系数有限元法基于概率极限状态设计法,以分项系数极限状态设计表达式替代单一安全系数设计法,即以结构重要性系数 γ_0、设计状况系数 ψ、材料性能分项系数 γ_m 和结构系数 γ_{d1} 为来代替原来的重力坝设计的安全系数[18]。表达式如下

$$\gamma_0 \psi S\left(\gamma_G G_K, \gamma_Q Q_K, \alpha_K\right) \leqslant \frac{1}{\gamma_{d1}} R\left(\frac{f_K}{\gamma_m}, \alpha_K\right) \qquad (8\text{-}49)$$

上式中,抗力函数和作用效应函数中的材料和作用都必须以标准值配以相应的分项系数来进行分析,也就是说最终使用的是材料的设计值。材料的设计值等于材料的标准值除以材料的分项系数,作用的设计值等于作用的标准值乘以作用的分项系数,如式(8-49)中所示。单一安全系数法中,材料和作用的取值是按定值进行的,而在极限状态验算式中,作用效应函数和结构抗力函数中的材料和作用必须以标准值配以相应的分项系数进行分析。标准值和分项系数包括结构系数,是以概率理论为基础,以结构达到规定的可靠度水平为原则确定的,这样就同时考虑了实际上坝体遇到的既有材料弱化又有荷载增加的可能组合作用。与传统安全系数方法相比较,分项系数法显然是更加科学和合理。

根据极限状态设计的基本思想,分项系数反映了各种原因产生的不定性影响,并隐含了在各种设计情况下总体上满足规定的可靠度水平。所以我们可以认为材料分项系数 γ_m 含有强度储备的意义,而荷载分项系数 γ_G、γ_Q 等含有超载的意义。那么极限状态表达式可以理解为在同时降强度和超载的情况下,系统的安全余度如果大于 γ_0、ψ、γ_{d1} 三个分项系数的积 $[K^X]$,就可以满足规定的目标可靠度,系统就可认为是安全的,即

$$K^X = R\left(\frac{f_K}{\gamma_m}, \alpha_K\right) \Big/ S\left(\gamma_G G_K, \gamma_Q Q_K, \alpha_K\right) > \gamma_0 \psi \gamma_{d1} = [K^X] \quad (8\text{-}50)$$

分项系数有限元法正是基于这种思想来衡量大坝整体安全的。也就是说,在考虑了材料的弱化和荷载的不确定性的前提下,可以用有限元降强度和超载法来计算结构的整体安全系数。

具体方法就是:对于一个结构的某种设计情况,根据所定的材料分项系数,

去除结构的材料性能的标准值,其结果作为分项系数有限元法的材料计算值;同时将荷载分项系数去乘结构的作用标准值,其结果作为分项系数有限元法的荷载计算值。在这套参数和荷载的组合下,用有限元法分别进行降强度和超载计算,得到相应的强度储备系数 K_L 和超载系数 K_z,然后将它们分别与 γ_0、ψ、γ_{d1} 三个分项系数的积 $[K^X]$ 相比较。如果强度储备系数 K_L 和超载系数 K_z 均大于或者等于 $[K^X]$,就可以认为系统的安全性是有保障的,也就是满足规定的目标可靠度。也就是说,分项系数有限元法的安全度指标为强度储备系数 K_L 和超载系数 K_z,稳定判断表达式为

$$K_L \geqslant [K^X] \quad \text{或} \quad K_z \geqslant [K^X] \tag{8-51}$$

如果式(8-51)不满足,就需要进行加固处理。

关于 γ_0、ψ、γ_{d1} 三个分项系数的取值可以参考规范,例如对于 I 等工程,结构重要性系数 γ_0 取 1.10,持久状况的设计状况系数 ψ 取 1.00,结构系数 γ_{d1} 取 1.20,那么分项系数有限元法允许的超载系数 K_z 和降强度系数 K_L 均为 $[K^X]=\gamma_0\psi\gamma_{d1}=1.32$,只需要将用有限元法计算的降强度系数 K_L 和超载系数 K_z 都与 1.32 相比较即可。

分项系数有限元法在稳定准则表达上又回归到了原来安全系数的形式,但是从式(8-50)中我们可以看出,与过去常用的安全系数相比,它考虑了更多结构自变量的综合因素,因而有本质上的不同。此外,式(8-49)本身是由极限平衡安全系数方法套改而来,因此式(8-50)同样也具有可靠度理论和工程经验相结合的优点,代表了通过降低强度指标并且同时进行超载而将结构引入极限平衡状态的处理方案。

针对式(8-49),已有研究者[19]提出了不等式两边作用和抗力中的力均为向量,存在方向问题,在力学概念上无法直接比较大小。并且工程设计和评估是建立在量化指标的基础上的,式(8-49)采用不等式来评价建筑物的安全度无法进行参数敏感性研究和优化设计,这种不足可以通过分项系数有限元法的准则式(8-50)得到弥补,式(8-50)形式上是一种安全系数表达式,是一个无量纲数值,能够清楚地反映稳定安全度以及安全裕度,便于进行参数敏感性分析,也更有利于工程设计人员的理解。

分项系数有限元法联系了分项系数法,从根本上来说也就是基于可靠度思想,有坚实的科学依据,比起基于经验的传统安全系数法来判断结构安全度要更加合理,而且是在综合考虑了材料的弱化和荷载的不确定性的前提下进行有限元

降强度和超载法计算,所以得到有限元整体强度储备系数和超载系数具有可比性,也更加符合实际情况,而且使得有限元法设计有了一定的参考依据,为有限元法的进一步推广和发展创造了良好的条件,这也是分项系数有限元法较以往的降强度和超载法的优越之处。

8.4 混凝土坝抗滑稳定有限元计算

8.4.1 计算模型

8.4.1.1 计算范围与边界条件

计算选取典型坝段进行二维平面有限元模型计算,包含坝体和地基,地基范围向上游、下游和深度方向取 $1.5\sim2$ 倍坝高。计算范围:地基底面高程为 $\triangledown707$ m,地基自坝踵向上游延伸约 150 m,自坝趾向下游延伸约 150 m。整体坐标系 OXY 的 X 轴正向从上游指向下游;Y 轴正向竖直向上;$Y=0$ 设在 $\triangledown827.0$ m高程上。整体二维模型如图 8-10 所示。

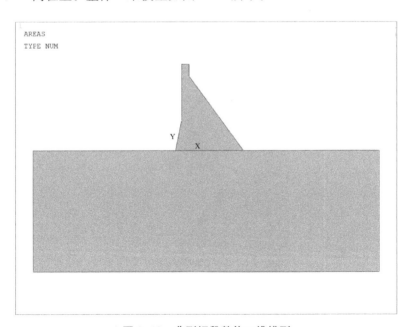

图 8-10 典型坝段整体二维模型

地基上、下游面 X 方向位移约束,地基底部 Y 方向位移约束。

8.4.1.2 网格剖分

二维整体模型的重力坝和地基均采用四结点四边形线性单元进行有限元网格剖分,整个重力坝-地基的有限元网格基本模拟了大坝的体形、结构和地基等,共计单元 1 123 个,结点 3 566 个,如图 8-11 所示。

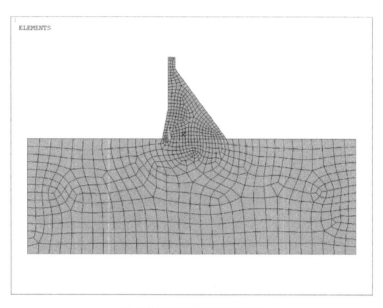

(a) 坝体-地基整体有限元网格图

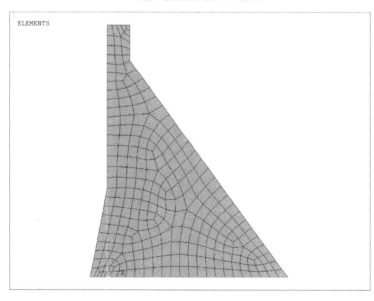

(b) 坝体有限元网格图

图 8-11　有限元网格

8.4.1.3　计算荷载与组合

计算考虑的荷载主要包括坝体自重、静水压力、淤沙压力、冰压力等。

计算所用特征水位见表 8-6,水的重度采用 $9.8\ kN/m^3$。

表 8-6　水库运行期特征水位表

	上游水位(m)	相应下游水位(m)
正常蓄水位	905.00	855.70
设计洪水位	907.32	860.60
校核洪水位	909.92	863.00

淤沙浮容重取 $8.0\ kN/m^3$,内摩擦角取 $12°$,坝前淤沙高程取值如表 8-7 所示。

表 8-7　各坝段坝前淤沙设计高程

坝段	高程(m)
挡水坝段	875.00
泄流冲沙底孔坝段	870.00
溢流坝段	875.00

注:该坝已经运营多年,坝前有一定的淤沙,因为没有实测资料,因此按设计淤沙高程考虑,淤沙容重和内摩擦角均是计算淤沙压力所需的计算参数,由于没有实测资料,因此根据工程类比和经验给定。

冰荷载的计算方法参照 8.1 中冰压力的计算方法即可。

8.4.1.4　材料参数

(1)混凝土

坝体混凝土材料力学参数取值如表 8-8 所示,热学参数如表 8-9 所示。

表 8-8　混凝土力学参数

混凝土标号	容重 (kN/m³)	弹性模量 (GPa)	泊松比	抗拉强度 (MPa)	抗压强度 (MPa)
$R_{90}100$	25.3	20.9	0.167	2.9	24.5
$R_{90}200$	25.3	26.9	0.167	3.2	34.1

表 8-9　混凝土热学特性指标

项目	数值
导热系数 λ_c [kJ/(m·h·℃)]	10.6
比热容 c_c [kJ/(kg·℃)]	0.96
导温系数 a_c (m²/h)	0.004 5
表面放热系数 λ_c [J/(m²·s·℃)]	空气中：$6.42+3.83v_0$ 水中：∞

注：v_0 为计算风速,m/s。

（2）岩体

坝基材料参数取值如表 8-10 所示。

表 8-10　坝基材料参数

岩体	容重 (kN/m³)	弹性模量 (GPa)	泊松比	内摩擦角 (°)	黏聚力 (MPa)
薄层条带白云岩∈3f	28	19.5	0.26	36	2.3
中厚结晶白云岩层∈3f	28	59.4	0.26	37	3.1
白云岩 O_1L	27	27	0.18	35	1.5
白云岩 O_1Y	28	45.1	0.26	37	2.8

8.4.2　计算结果与分析

经过有限元计算,各工况下坝体位移和应力云图如图 8-13 至图 8-60 所示,分别给出了整体云图和坝体部分云图。顺河向位移以向下游为正,应力以拉为正。

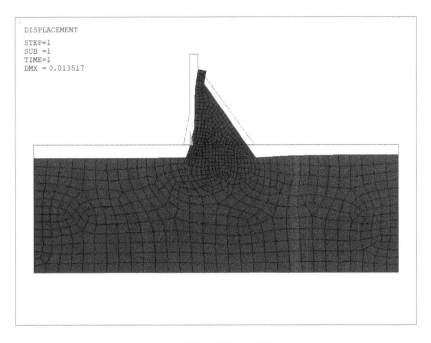

图 8-13　典型挡水坝段变形图(工况 1)

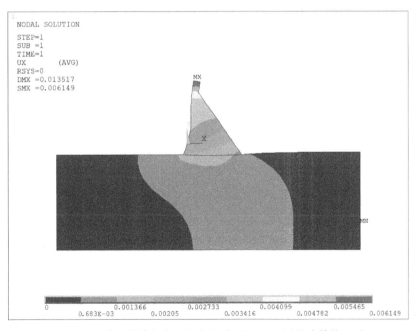

图 8-14　典型挡水坝段顺河向位移图(工况 1)(位移单位：m)

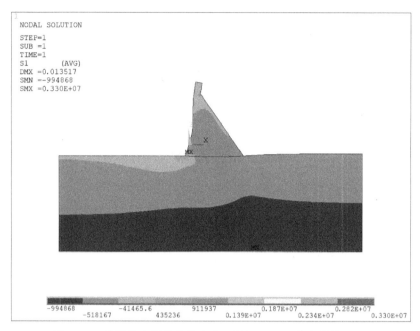

图 8-15　典型挡水坝段主拉应力云图(工况 1)(应力单位: Pa)

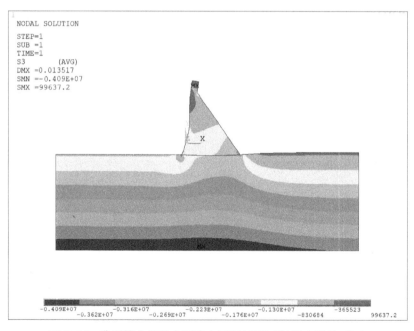

图 8-16　典型挡水坝段主压应力云图(工况 1)(应力单位: Pa)

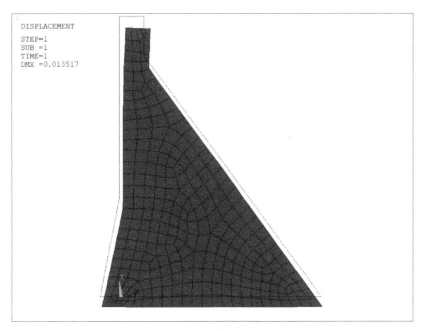

图 8-17 典型挡水坝段坝体部分变形图(工况 1)

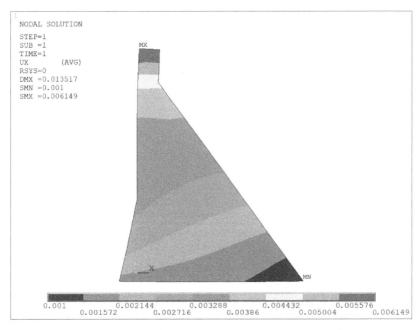

图 8-18 典型挡水坝段坝体部分顺河向位移图(工况 1)(位移单位：m)

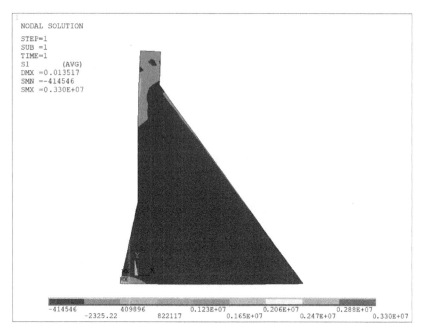

图 8-19　典型挡水坝段坝体部分主拉应力云图(工况 1)(应力单位: Pa)

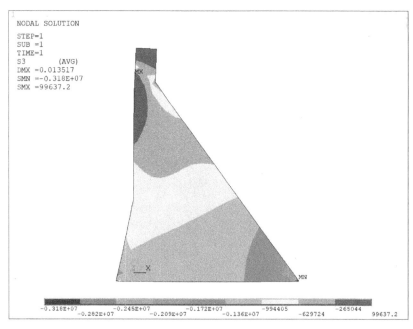

图 8-20　典型挡水坝段坝体部分主压应力云图(工况 1)(应力单位: Pa)

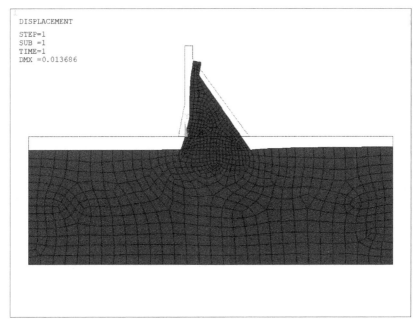

图 8-21　典型挡水坝段变形图(工况 2)

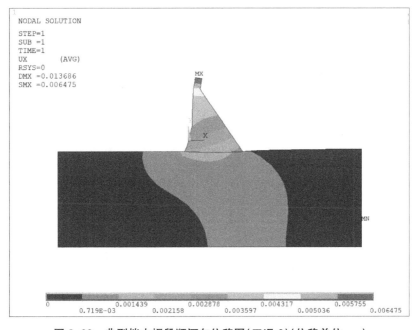

图 8-22　典型挡水坝段顺河向位移图(工况 2)(位移单位: m)

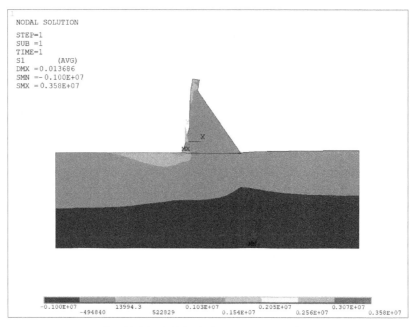

图 8-23　典型挡水坝段主拉应力云图(工况 2)(应力单位：Pa)

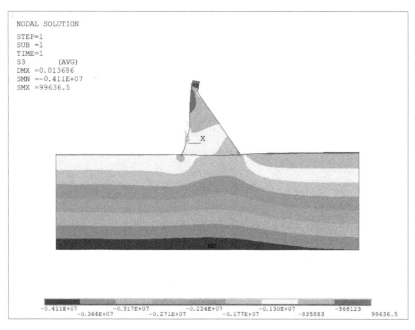

图 8-24　典型挡水坝段主压应力云图(工况 2)(应力单位：Pa)

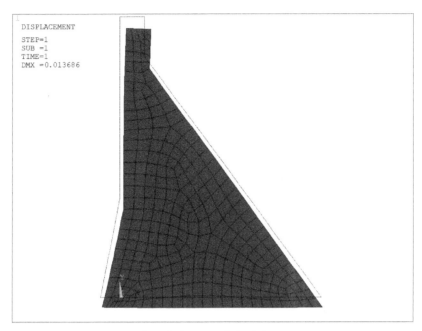

图 8-25　典型挡水坝段坝体部分变形图(工况 2)

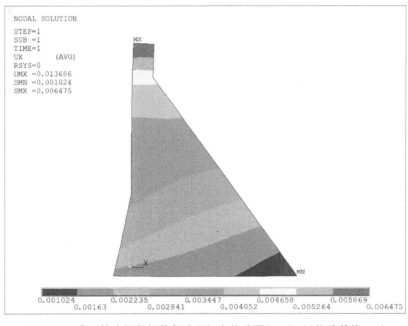

图 8-26　典型挡水坝段坝体部分顺河向位移图(工况 2)(位移单位：m)

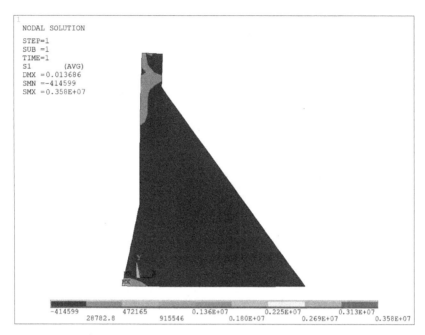

图8-27 典型挡水坝段坝体部分主拉应力云图(工况2)(应力单位: Pa)

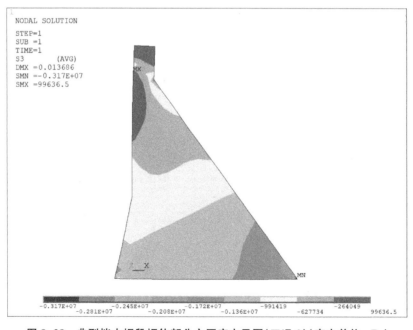

图8-28 典型挡水坝段坝体部分主压应力云图(工况2)(应力单位: Pa)

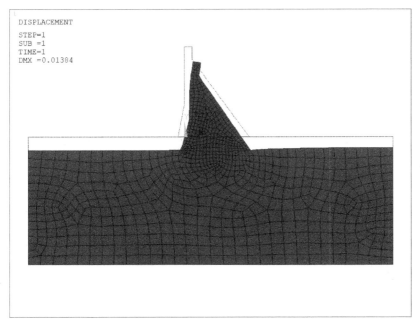

图 8-29　典型挡水坝段变形图(工况 3)

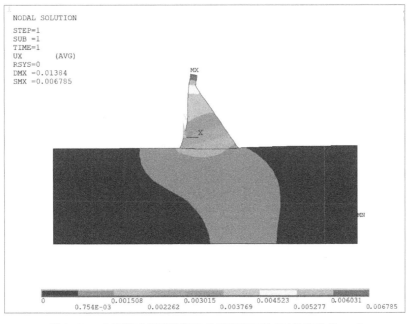

图 8-30　典型挡水坝段顺河向位移图(工况 3)(位移单位: m)

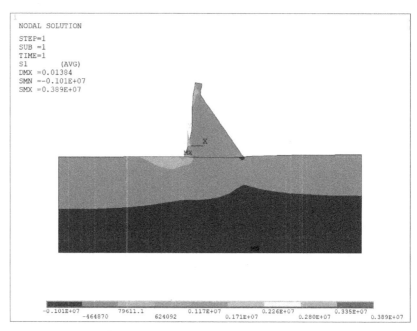

图 8-31　典型挡水坝段主拉应力云图(工况 3)(应力单位：Pa)

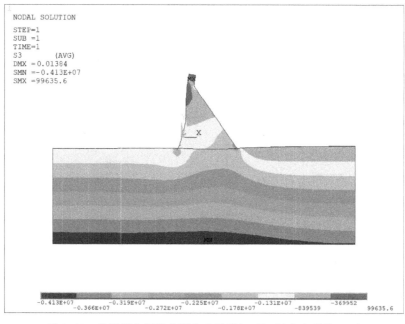

图 8-32　典型挡水坝段主压应力云图(工况 3)(应力单位：Pa)

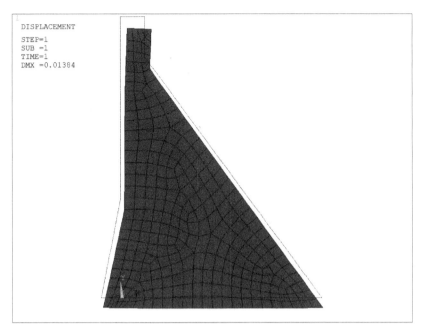

图 8-33　典型挡水坝段坝体部分变形图(工况 3)

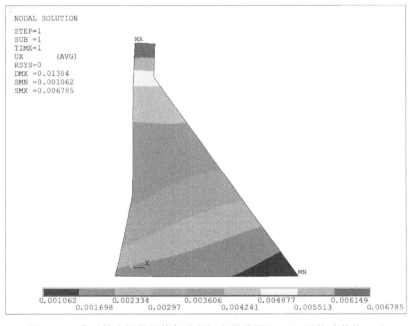

图 8-34　典型挡水坝段坝体部分顺河向位移图(工况 3)(位移单位: m)

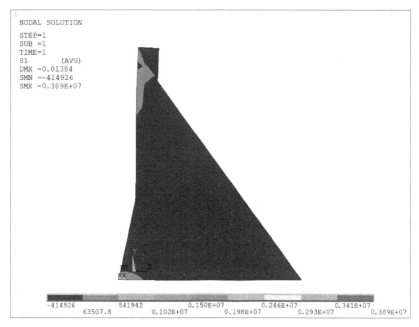

图 8-35　典型挡水坝段坝体部分主拉应力云图(工况 3)(应力单位：Pa)

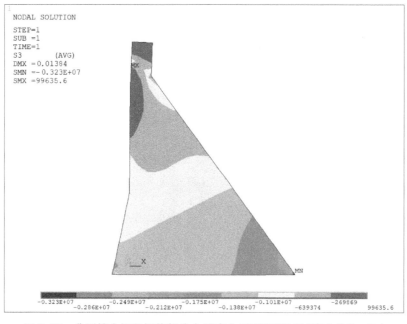

图 8-36　典型挡水坝段坝体部分主压应力云图(工况 3)(应力单位：Pa)

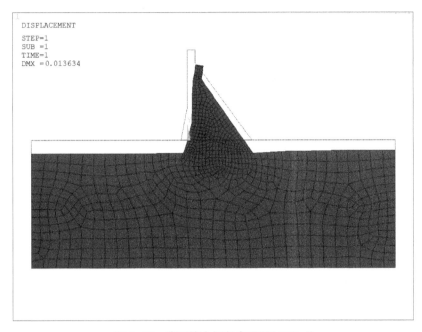

图 8-37　典型挡水坝段变形图(工况 4)

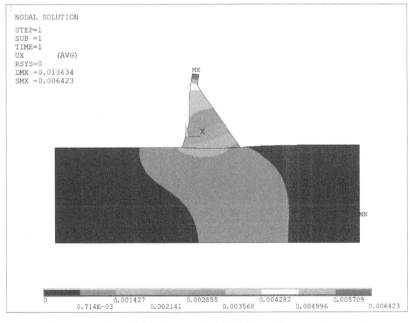

图 8-38　典型挡水坝段顺河向位移图(工况 4)(位移单位: m)

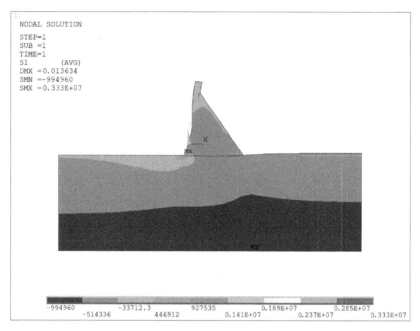

图 8-39 典型挡水坝段主拉应力云图(工况 4)(应力单位: Pa)

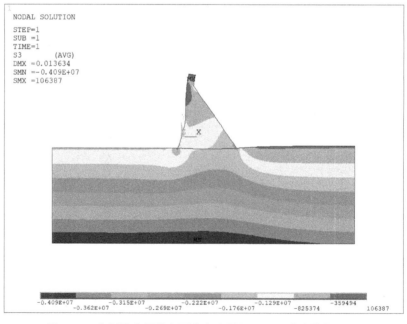

图 8-40 典型挡水坝段主压应力云图(工况 4)(应力单位: Pa)

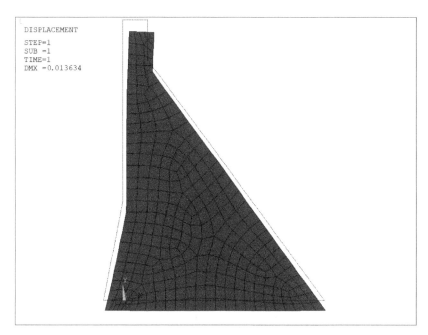

图 8-41   典型挡水坝段坝体部分变形图(工况 4)

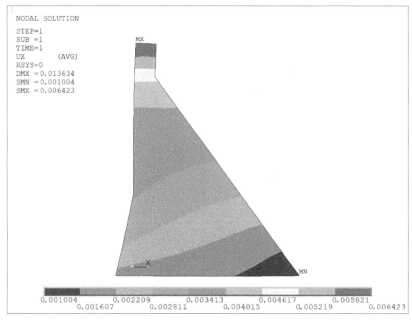

图 8-42   典型挡水坝段坝体部分顺河向位移图(工况 4)(位移单位: m)

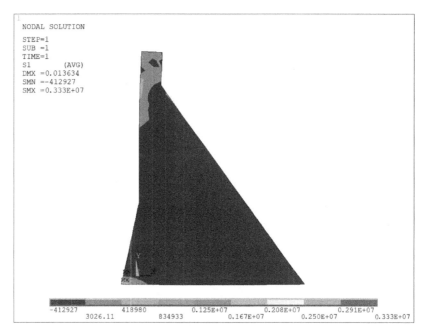

图 8-43　典型挡水坝段坝体部分主拉应力云图(工况 4)(应力单位：Pa)

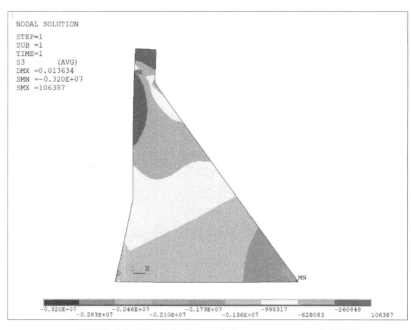

图 8-44　典型挡水坝段坝体部分主压应力云图(工况 4)(应力单位：Pa)

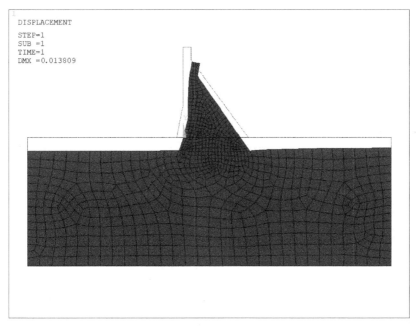

图 8-45 典型挡水坝段变形图(工况 5)

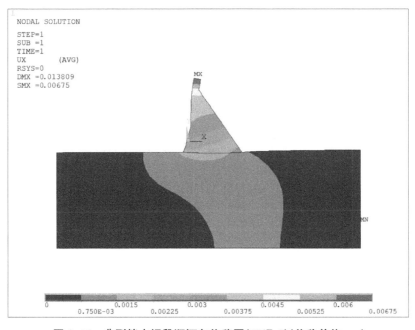

图 8-46 典型挡水坝段顺河向位移图(工况 5)(位移单位：m)

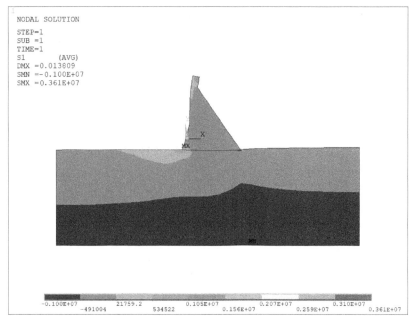

图 8-47　典型挡水坝段主拉应力云图(工况 5)(应力单位: Pa)

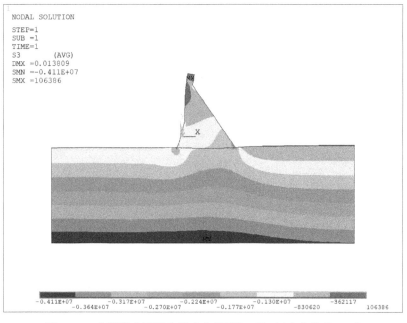

图 8-48　典型挡水坝段主压应力云图(工况 5)(应力单位: Pa)

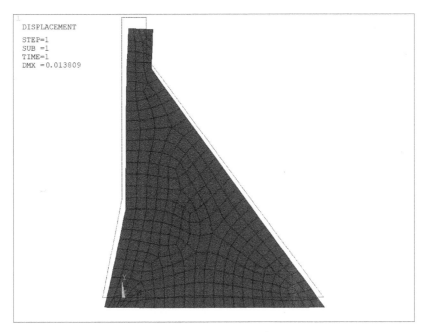

图 8-49　典型挡水坝段坝体部分变形图(工况 5)

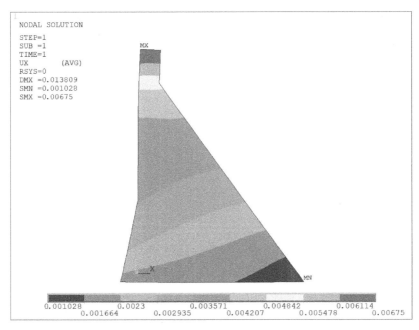

图 8-50　典型挡水坝段坝体部分顺河向位移图(工况 5)(位移单位: m)

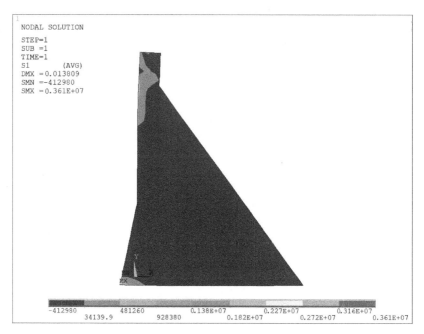

图 8-51　典型挡水坝段坝体部分主拉应力云图(工况 5)(应力单位：Pa)

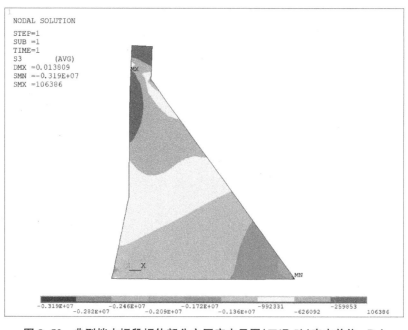

图 8-52　典型挡水坝段坝体部分主压应力云图(工况 5)(应力单位：Pa)

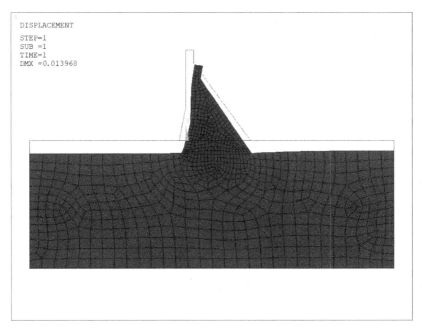

图 8-53 典型挡水坝段变形图(工况 6)

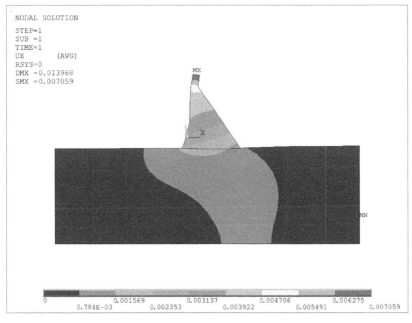

图 8-54 典型挡水坝段顺河向位移图(工况 6)(位移单位：m)

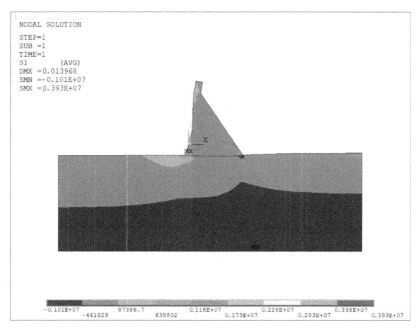

图 8-55　典型挡水坝段主拉应力云图(工况 6)(应力单位：Pa)

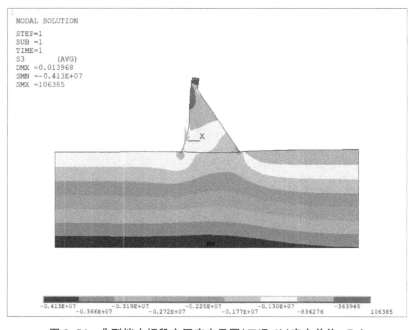

图 8-56　典型挡水坝段主压应力云图(工况 6)(应力单位：Pa)

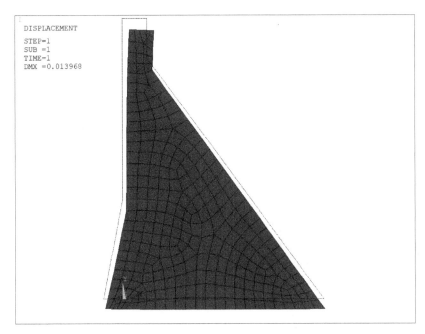

图 8-57 典型挡水坝段坝体部分变形图(工况 6)

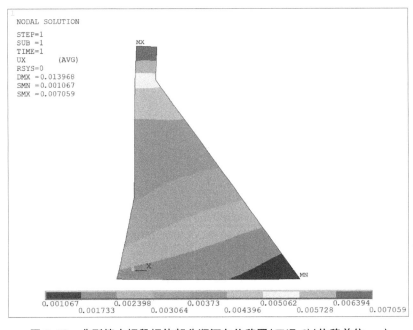

图 8-58 典型挡水坝段坝体部分顺河向位移图(工况 6)(位移单位：m)

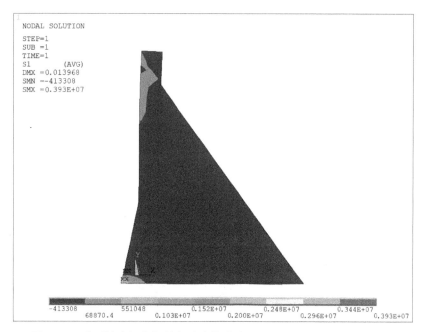

图 8-59　典型挡水坝段坝体部分主拉应力云图(工况 6)(应力单位: Pa)

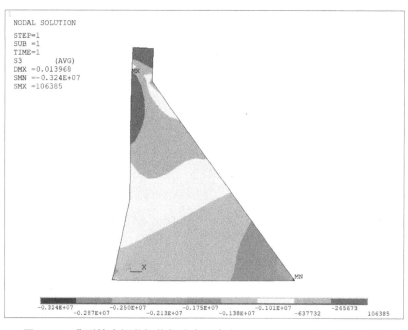

图 8-60　典型挡水坝段坝体部分主压应力云图(工况 6)(应力单位: Pa)

表 8-11 各工况安全系数

工况	抗滑稳定 安全系数	点安全系数	应力代数和比值法 安全系数	超载安全系数
工况 1	1.42	1.36	1.40	1.21
工况 2	1.36	1.35	1.35	1.15
工况 3	1.31	1.32	1.30	1.18
工况 4	1.29	1.38	1.36	1.22
工况 5	1.30	1.35	1.25	1.20
工况 6	1.28	1.30	1.20	1.10

计算结果表明,各工况荷载组合情况下,坝体的抗滑稳定安全系数均超过 1.10,也说明在现有条件下,大坝抗滑稳定是有保证的。

参考文献

[1] 潘家铮.重力坝设计[M].北京:中国水利电力出版社,1987.

[2] 王瑞骏,陈尧隆,王新宏.重力坝深层抗滑稳定分析的块体单元法[J].水利学报,1998,(S1):92-94+109.

[3] 张国新,金峰.重力坝抗滑稳定分析中 DDA 与有限元方法的比较[J].水利发电学报,2004,23(1):10-14.

[4] 张发明,陈祖煜,弥宏亮.滑坡体稳定性评价的三维极限平衡方法及应用[J].地质灾害与环境保护,2002,13(2):55-58.

[5] 王开治,王均星,徐明毅.重力坝塑性极限分析[J].大坝与安全,2000,14(4):12-18.

[6] 王志良.层状基岩上坝体抗滑稳定性的塑性理论极限平衡法[J].力学学报,1979(1):17-26.

[7] 沈文德,沈保康.有软弱夹层的岩基上混凝土坝抗滑稳定的刚塑性极限平衡分析[J].水利学报,1983(5):22-31.

[8] 中华人民共和国水利部.混凝土重力坝设计规范[M].北京:中国水利水电出版社,2018.

[9] 王宏硕,陆述远,廖孟扬,等.岩基重力坝抗滑稳定审查的弹性抗剪强度公式——兼论抗剪断安全系数[J].武汉水利电力学院学报,1985(2):3-15.

[10] 段亚辉,王宏硕.混凝土与基岩胶结面真实抗剪断强度研究[J].武汉水利电力大学学报,1997,30(3):20-24.

[11] 常晓林,陆述远.重力坝均质坝基的失稳机理研究[J].武汉水利电力学院学报,1989(1):43-52.

[12] 赖国伟,王宏硕,陆述远.具有软弱结构面坝基的稳定分析[J].武汉水利电力大学学报,1987,20(4):1-10.

[13] 杜俊慧,陆述远.重力坝沿坝基面破坏机理及失稳准则研究[J].武汉水利电力大学学报,1994(1):88-93.

[14] 常晓林,陆述远,赖国伟.龙滩碾压混凝土坝的失稳机理研究及稳定安全度评价[J].水利学报,1996(增刊):22-26.

[15] 陈进,黄薇.混凝土重力坝抗滑稳定安全系数与安全度探讨[J].长江科学院院报,1995,12(3):1-7.

[16] 任青文,余天堂.三峡大坝左岸3#坝段稳定性的块体元分析[J].河海大学学报(自然科学版),1999(1):20-24.

[17] 朱双林.重力坝深浅层抗滑稳定分析方法探讨及其工程应用[D].武汉:武汉大学,2005.

[18] 陈祖煜,陈立宏.对重力坝设计规范中双斜面抗滑稳定分析公式的讨论意见[J].水利发电学报,2000(2):101-108.

9 总 结

本书系统地研究了国内外冰荷载研究进展和碾压混凝土重力坝抗滑稳定计算方法。通过研究某寒冷地区水库大坝抗滑稳定影响因素和可能工况,利用材料力学法、规范法、有限元方法计算了不同工况下典型断面抗滑稳定安全系数。

对大坝沿坝基以及深层软弱层面的抗滑稳定分析计算表明:抗滑稳定安全系数一般接近或高于国内类似工程普遍采用值,说明大坝的安全性是有保障的。断面 0+40 计算的安全系数虽然较低,但因该处为岸坡坝段,而基岩侧面尚可提供相当的抗剪断力,故结论是偏于保守的。稳定分析计算中,比如在固结灌浆孔中插入钢筋组,在原河床面以下将坝体做整体坝等工程措施均未反映,但它仍不失为一定的安全储备。

大坝位于太原市上游 30 km,汾河流经太原市区,地理位置重要,而坝基工程地质条件复杂,影响因素多,难以全面准确地反映客观情况,今后应加强对大坝尤其是危及水库安全运行且又处于基本稳定状态的坝段的运行观测和监视,以便及时发现问题,确保主体工程大坝的稳定安全。

附 录

本书中极值估计、Copula 计算等统计分析所使用的程序基于 Matlab 平台编写,运行版本为 Matlab2018b。

附录1 耿贝尔估计程序

```
bl=[];%输入选取的温度值
N=length(bl);
M=1:1:N;
pm=1:0.01:1000;
x=bl;
temp=sort(x);
[p,pci]=gamfit(temp);
ffit=gamcdf(temp,p(1),p(2));
ave_x=mean(x);
s_x=std(x);
y=log(-log(1-M/(N+1)));
ave_y=mean(y);
s_y=std(y);
a=s_x/s_y;
u=ave_x-s_x/s_y*ave_y;%耿贝尔法的计算
xp_Genbel=u-a*log(-log(1-1./pm));
%%%%%%%%%%%%%%%%%%%%%%%%%%%%%%%%%%%%%%%%
semilogx(pm,latT);
xlabel('','FontSize',16,'fontweight','Bold');
ylabel('','FontSize',16);
```

```
legend(',');%绘图刻度线,图片标题
```

附录2　皮尔逊-Ⅲ型分布程序

```
Ii=[ ];%选取的数值
pm=1: 0.01: 1000;
N=length(Ii);
Iaver=mean(Ii);
Istdevp=std(Ii);
Iskew=skewness(Ii);
cs=Iskew * (N-1) * (N-2)/N^2;
cv=Istdevp/Iaver;
alpha=4/cs^2;
beta=2/(Istdevp * cs);
x0=Iaver * (1-2 * cv/cs);
IatT=gaminv((1-1./pm),alpha,1/beta)+x0;%皮尔逊法的公式
%%%%%%%%%%%%%%%%%%%%%%%%%%%%%%%%%%%%%%%%%
semilogx(pm,IatT);
xlabel(','FontSize',16,'fontweight','Bold');
ylabel('FontSize',16);
legend('');%绘图,坐标轴名称及图片标题名称
```

附录3　Copula 函数联合估计程序

```
hushi = xlsread('average_temperature.xls');
X = hushi(: ,1);
shenshi = xlsread('average_water_level.xls');
Y = shenshi(: ,1);%从文件中读取数据
%%%%%%%%%%%%%%%%%%%%%%%%%%%%%%%%%%%%%%%%%
%绘制单目标的频数直方图
[fx, xc] = ecdf(X);
figure(1);
```

179

```
title('');
ecdfhist(fx, xc, 30);
xlabel('');
ylabel('')
[fy, yc] = ecdf(Y);
figure(2);
title('')
ecdfhist(fy, yc, 30);
xlabel('');
ylabel('');%绘图,坐标轴名称,图片名称
%%%%%%%%%%%%%%%%%%%%%%%%%%%%%%%%%%%%%%%
    %计算偏度
xs = skewness(X)
ys = skewness(Y)
    %计算峰度
kx = kurtosis(X)
ky = kurtosis(Y)
%%%%%%%%%%%%%%%%%%%%%%%%%%%%%%%%%%%%%%%
    %正态分布的检验
[h,p] = jbtest(X)   % Jarque-Bera1/4ìÑé
[h,p] = kstest(X,[X,normcdf(X,mean(X),std(X))])   %
[h, p] = lillietest(X)
    %对另一个变量检验
[h,p] = jbtest(Y)
[h,p] = kstest(Y,[Y,normcdf(Y,mean(Y),std(Y))])
[h, p] = lillietest(Y)
%%%%%%%%%%%%%%%%%%%%%%%%%%%%%%%%%%%%%%%
    求经验分布的值
[fx, Xsort] = ecdf(X);
[fy, Ysort] = ecdf(Y);
    %利用插值法求
U1 = spline(Xsort(2: end),fx(2: end),X);
```

```
V1 = spline(Ysort(2: end),fy(2: end),Y);

[fx, Xsort] = ecdf(X);

[fy, Ysort] = ecdf(Y);

fx = fx(2: end);

fy = fy(2: end);
```

%恢复原始样本处的经验分布值

```
[Xsort,id] = sort(X);

[idsort,id] = sort(id);

U1 = fx(id);

[Ysort,id] = sort(Y);

[idsort,id] = sort(id);

V1 = fy(id);
```

%求核函数

```
U2 = ksdensity(X,X,'function','cdf');

V2 = ksdensity(Y,Y,'function','cdf');
```

%%%%%%%%%%%%%%%%%%%%%%%%%%%%%%%%%%%%%%

绘制经验分布和核分布的图像

```
[Xsort,id] = sort(X);

figure(3); %核分布估计

plot(Xsort,U1(id),'c','LineWidth',5); %

% hold on

plot(Xsort,U2(id),'k-.','LineWidth',2); %

legend('', 'Location','NorthWest');

xlabel(' ');

ylabel(' ');

[Ysort,id] = sort(Y);

figure(4); %经验分布估计

title('')

plot(Ysort,V1(id),'c','',5);

% hold on

plot(Ysort,V2(id),'k-.','LineWidth',2); %

legend('°Ë·Ö²¹/4¹À¹/4E', 'Location','NorthWest');
```

```
xlabel(' ');

ylabel(' ');
```

%%%%%%%%%%%%%%%%%%%%%%%%%%%%%%%%%%%%%

```
%绘制二元频数直方图

U = ksdensity(X,X,'function','cdf');

V = ksdensity(Y,Y,'function','cdf');%得到核分布的值

figure(5);

title('')

hist3([U(:) V(:)],[30,30])

xlabel(' ');

ylabel(' ');

zlabel('');%添加坐标名称,图例名称
```